建筑材料的物理性能与检验

杨宇辉　编著

化学工业出版社

·北京·

本书以水泥、混凝土、钢材这三种最常用的建筑材料的常规物理性能的试验项目为主导编写而成。在体裁上，把每一个试验项目所需要的基本知识和技能融合成一个工作任务，由以下四个部分构成：基本知识、试验方法、训练与考核、阅读与了解。

为了顾及学生就业的普遍适应性，除引用少量的最新行业标准的规定外，本书涉及的水泥、混凝土和钢材的物理性能试验方法按现行的最新国家标准编写，并标注标准代号，以便学生和教师查阅与核对。

本书将此课程的专业理论基本知识和职业技能融为一体，即所谓一体化教材。本教材区别于其他教材的特点是，通过具体的工作任务即试验项目加深学生对专业理论知识的理解，而这种理解又促进他们实际操作水平的提高。本教材正是为试图实现这一目的而编写的，因而在教材的体裁上有别于通行的建筑材料教材。整个教学活动以试验项目的实操训练和考核为重点，同时又将相关的理论知识融合其中，使学生通过试验项目即工作任务的学习、训练、考核和讨论，掌握理解相关的专业知识，运用和发展职业技能。

本书适用于技工院校或其他职业院校建筑材料物理性能检验岗位的中、高级教学的师生，也可作为相关建材企业物检工的培训教材。

图书在版编目（CIP）数据

建筑材料的物理性能与检验/杨宇辉编著. —北京：化学工业出版社，2014.4（2019.9重印）
ISBN 978-7-122-19890-7

Ⅰ．①建… Ⅱ．①杨… Ⅲ．①建筑材料-物理性能-性能试验-中等专业学校-教材 Ⅳ．①TU502

中国版本图书馆 CIP 数据核字（2014）第 035889 号

责任编辑：蔡洪伟　陈有华　　　　　　　　　　装帧设计：王晓宇
责任校对：顾淑云　李　爽

出版发行：化学工业出版社（北京市东城区青年湖南街 13 号　邮政编码 100011）
印　　装：北京虎彩文化传播有限公司
787mm×1092mm　1/16　印张 11½　字数 297 千字　2019 年 9 月北京第 1 版第 3 次印刷

购书咨询：010-64518888　　　　　　　　售后服务：010-64518899
网　　址：http://www.cip.com.cn
凡购买本书，如有缺损质量问题，本社销售中心负责调换。

定　　价：38.00 元

技工教育的发展水平必须与社会经济的发展阶段相适应。在当今社会经济结构转型、产业升级换代的快速变动时期，技校毕业生不但要有即时能用的岗位能力，而且要具备可持续发展的通用职业技能，以提高整个职业生涯的竞争能力，应对就业形势的变化和学生自身职业取向的变化。技工教育的办学理念、教学活动的各个环节应随之转变以配合社会经济发展的需要。本教材就是应对这一变化要求的一个尝试。由于编者的水平和经验有限，教材中难免存在疏漏和不足，衷心希望使用本教材的教师和学生批评指正。

一、教材编排思路

本教材以建筑材料物理性能的试验项目为主导，每一个试验项目作为一个工作任务，将本课程的专业理论基本知识、职业技能训练和考核的内容与要求融入每一个试验项目中。

二、教材内容

尽管传统建筑材料仍在广泛应用，各种新型建筑材料更是层出不穷，但在当代建筑工程中，水泥、混凝土、钢材仍然是不可替代的结构材料。因此，本教材的内容主要围绕着水泥、混凝土和钢材的常规物理性能及其检验方法展开。

三、教材的体裁与构成

教材以水泥、混凝土、钢材这三种最常用的建筑材料的常规物理性能的试验项目为主导编写而成。在体裁上，把每一个试验项目所需要的基本知识和技能融合成一个工作任务。它由四个部分构成：基本知识、试验方法、训练与考核、阅读与了解。

1. 基本知识

该部分主要包括要检验的物理性能的概念、影响因素、国家标准的要求等，为试验原理（或试验目的）、试验步骤的展开做准备。

2. 试验方法

为了顾及学生就业的普遍适应性，除引用少量的最新行业标准的规定外，本书涉及的水泥、混凝土和钢材的物理性能试验方法按现行的最新国家标准编写，并标注标准代号，以便学生和教师查阅与核对。

该部分包括试验原理（或试验目的）、试验仪器设备、试验操作步骤、试验结果的计算与处理。

3. 训练与考核

这是整个教学活动的重心。为了实现本课程的教学目的，该部分由四个环节组成：训练的基本要求；操作时应注意的事项；训练与考核的技术要求和评分标准；讨论与总结。四个环节的性质、作用和安排分述如下。

(1) 训练的基本要求　这一环节的意图是培养学生注意每一个工作任务细节的习惯，为使学生胜任本岗位的物理性能检验工作作准备，并培养学生严守岗位操作程序、严谨细致的职业素养和良好的工作习惯，以使学生拥有具有竞争能力的职业道德。为此将相关的理论知识、试验原理、试验条件的控制、操作方法、仪器设备的参数、试验原始记录表等融合在一起，最后要求学生以试验报告的形式作一个书面的总结。每一个工作任务的试验报告总是包括测定原理（或目的）、试验方法依据的标准、仪器设备、试验步骤、试验结果及其计算过程、试验原始记录表、问答这七个内容。其中"试验原始记录表"是参照企业用的原始记录表格编写的，以便学生上岗就业后能准确、快速地填写工作报表。而"问答"这一块则是以填空的形式让学生自己总结试验过程中的技术要求和仪器设备的参数，加强对工作任务的理解。"问答"是一个开放的主题，指导教师可以根据学生的训练情况增添或删减相关的内容，也可以作为引领任务的问题率先提出。

(2) 操作时应注意的事项　这一环节的主要目的是让学生注意影响试验结果的主要因素，在完成试验工作任务的过程中学会误差分析，提高检验结果的准确度，提升学生做好试验的信心，为提升学生的数理逻辑分析、综合运用能力作好铺垫。这也是一个开放的环节，编者根据自己的教学经验列举若干操作时应注意的事项，但指导教师可以根据自己的教学经验、现场的训练情况以及学生遇到的问题作出适当的增减，以丰富这一环节。

(3) 训练与考核的技术要求和评分标准　训练与考核的技术要求和评分标准是按照建材物理检验工技能等级考核高级工应会的标准编写而成，训练与考核的要求和标准相同，以使学生从训练开始就按照标准规定的条件和步骤完成试验项目。这是培养学生即时能用的岗位能力和具有竞争力的职业道德的重要环节。

(4) 讨论与总结　这一环节主要通过"操作的影响"和"仪器设备的影响"来探讨影响物理性能检验结果的因素以及相应的处理方法，加深理解误差理论在具体的试验项目中的应用。

这是一个互动的环节，教师应引导和鼓励学生积极参与讨论。编者根据自己的教学和实践经验列举了若干条的影响因素和处理方法，只希望起到抛砖引玉的作用。这同样是个开放的环节，教师应根据训练和考核中观察到的情况，结合自己的经验增减或修正已有的条款，也要鼓励学生诉说自己的经验和体会，只要是正确的，不管是否具有代表性都应纳入其中，以丰富这一环节的内涵。这是一个重要的环节，是培养学生数理逻辑分析、综合运用能力的一个有效举措。

4. 阅读与了解

在每一个工作任务之后都附有一个"阅读与了解"的部分，其内容并非是介绍最新的科技或应用成果，而是与试验项目有关的专业知识或试验方法。目的是扩大学生的知识面，引发学生对本课程的兴趣和关注。教师可以根据教学的要求、时间的安排以及学生的兴趣爱好作出适当的选择，也可以推荐其他相关的阅读材料。

编著者
2013 年 12 月

CONTENTS 目 录

绪论

一、建筑材料的定义和分类

建筑材料是建筑物或构筑物所用材料及制品的总称。从广义上讲，建筑材料应包括构成建筑本身的材料、施工过程中所用的材料（如脚手架、模板等）以及各种配套器材（如供水、供电、暖气设备等）；但通常情况下，建筑材料一般仅指构成建筑本身的材料，也就是从地基基础、承重构件（梁、板、柱等），直到地面、墙体、屋面等所用的材料。

建筑材料种类繁多，随着材料科学和材料工业的不断发展，新型建筑材料不断涌现。为了研究、使用和叙述的方便，常从不同的角度对建筑材料进行分类。最常用的分类方法是按材料的化学成分和使用功能进行分类。

1. 按材料的化学成分分类

按材料的化学成分，建筑材料可分为无机材料、有机材料和复合材料三大类，如图 0-1 所示。

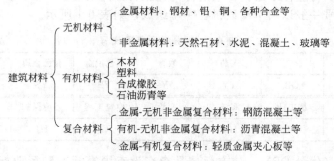

图 0-1　建筑材料的分类

2. 按材料的使用功能分类

按材料的使用功能，建筑材料又可分为结构材料和功能材料两大类：

结构材料——用作承重构件的材料，如梁、板、柱等所用材料；

功能材料——所用材料在建筑上具有某些特殊功能，如防水、装饰、保温隔热、吸声隔音等功能。

二、建筑材料的技术标准

标准一词广义上讲是指对重复事物和概念所作的统一规定，它以科学、技术和实践的综合成果为基础，经有关部门协商一致，由主管部门或行业协会颁布，作为共同遵守的准则和依据。

1. 标准的级别

根据标准的级别，标准分为国际标准、区域标准、国家标准、行业标准、地方标准和企业标准。

(1) 国际标准 (ISO) 　国际标准有一万多项，已被各国广泛采用。我国以国家标准局的名义参加了国际标准化组织 (ISO)。我国鼓励积极采用国际标准，把国际标准和国外先进标准的内容不同程度地转化为我国的各类标准。

采用国际标准时，根据差异大小，采用程度分为三种。

① 等同采用：图示符号为 ≡，缩写字母代表为 IDT。其技术内容完全相同，不作或少作编辑性修改。

② 等效采用：图示符号为 =，缩写字母代表为 EQV。其技术内容只有很小差异，编写上不完全相同。

③ 参照采用：缩写字母代表为 REF。技术内容根据我国实际情况作了某些变动，但性能和质量水平与被采用的国际标准相当，在通用互换、安全、卫生等方面与国际标准协调一致。

(2) 区域标准 　是指世界某一区域标准化团体颁发的标准或采用的技术规范。国际较有影响的、具有一定权威的区域标准，如欧洲标准化委员会颁布的标准，代号为 EN；美国材料与试验协会标准 ASTM 等。

(3) 国家标准 (代号 GB) 　国家标准是指对全国经济、技术发展具有重大意义的，必须在全国范围内统一的标准。在我国，国家质量监督检验检疫总局和国家标准化管理委员会是主管全国标准化、计量、质量监督、检疫管理的国务院的职能部门，负责提出标准化的工作方针、政策、组织制定和执行全国标准化工作规划、计划，管理全国标准化工作。

(4) 行业标准 　行业标准是指行业的标准化主管部门批准发布的，在行业范围内统一的标准。行业标准代号一般以两个汉语拼音字母组成，如表 0-1 所示。

表 0-1　部分行业标准代号

行业	农业	轻工	医药	教育	黑色冶金	有色金属	化工	建材
代号	NY	QB	YY	JY	YB	YS	HG	JC
行业	电子	核工业	海洋	商检	建筑工程	环境保护	煤炭	商业
代号	SJ	EJ	HY	SN	JGJ	HJ	MT	SY

(5) 地方标准 (代号 DB) 　地方标准是指在没有国家标准和行业标准而又需要在省、自治区、直辖市范围内统一的工业产品的安全、卫生要求的标准。地方标准由省、自治区、直辖市标准化行政主管部门制定。

(6) 企业标准 (代号 QB) 　企业标准是指企业生产的产品如没有国家标准或行业标准时，均应制定企业标准。对已有国家标准或行业标准的，国家鼓励企业制定严于国家或行业标准的企业标准，由企业组织制定。

2. 标准的分类

标准分为基础标准（综合标准）、产品标准、方法标准、安全标准、卫生标准、环境保护标准等。

(1) 基础标准 　基础标准是指在一定范围内作为其他标准的基础并普遍使用，具有广泛的指导意义的共同标准，是各方面共同遵守的准则，是制定产品标准或其他标准的依据。

(2) 产品标准 　产品标准是指为保证产品的适用性，对产品必须达到的某些或全部要求所制定的标准，一般包括产品的规格、分类、技术要求、试验方法、验收规则、包装、储藏、运输等；是设计、生产、制造、质量检验、使用维护和贸易洽谈的技术依据。

(3) 方法标准 　方法标准是指以试验、检查、分析、抽样、统计、计算、测定、作业或操作步骤、注意事项等为对象而制定的标准。标准方法是经过充分试验验证、取得充分可靠的数据的成熟方法，并经广泛认可、逐渐建立，不需额外工作即可获得有关精密度、准确度和干扰等知识整体。标准方法在技术上并不一定是最先进的，准确度也可能不是最高的，而是在一般条件下简便易行、具有一定可靠性、经济实用的成熟方法。化验室对某一样品进行分析，必须依据以条文形式规定下来的分析方法。为了保证分析结果的可靠性和准确性，应当使用标准方法和标准物质。

（4）安全、卫生和环境保护标准　为保护人和物的安全、保护人的健康、保护环境和维持生态平衡而制定的标准。

3. 标准的强制性

我国国家标准和行业标准分为强制性标准和推荐性标准。我国强制性国家标准代号为GB，推荐性标准代号为GB/T。法律、行政法规规定的强制执行的标准为强制性标准；其他标准则是推荐性标准。对强制性标准，任何技术或产品不得低于其中规定的要求，从事科研、生产、经营的单位和个人，必须严格执行强制性标准，不符合强制性标准的产品禁止生产和销售。对于推荐性标准，表示也可以执行其他标准的要求，但是推荐性标准一旦被强制性标准采纳，就认为是强制性标准。

4. 标准的表示方法

标准的表示方法由产品（或技术）名称、标准发布机构的组织代号、标准号和标准颁布时间四部分组成。如《通用硅酸盐水泥》（GB 175—2007），产品名称为通用硅酸盐水泥，标准发布机构的组织代号为 GB（国家强制性标准），标准号为 175，颁布时间为 2007 年。

与建筑材料的生产和品质检验有关的标准主要有产品标准和方法标准。我国加入世界贸易组织（WTO）后，为了加快我国建材工业与世界接轨，大量采用和参考国际标准以及先进的区域标准，对促进建材工业的科技进步，提高产品质量和标准化水平，扩大建筑材料的对外贸易起了重要的作用。

三、课程性质

本课程是我校"工业分析与质量检验专业"的建材物理检验部分的主体专业课程，承担培养建材物理高级检验工的任务。该课程性质通过以下几个方面来完善。

1. 教学内容

现代建筑工程中，尽管传统的土、石等材料仍在基础工程中广泛应用，砖瓦、木材等传统材料在工程的某些方面应用也很普遍，各种新型合金、有机材料、多功能复合材料更是层出不穷。但在当代建筑工程中，水泥、混凝土、钢材仍然是不可替代的结构材料。因此，本课程的教学内容将围绕着水泥、混凝土和钢材的常规物理性能及其检验方法展开。

2. 教学要求

应达到国家职业标准对建材物理高级检验工的工作要求，包括专业知识和专业技能两个方面的要求。

（1）知识要求

① 了解本专业国内主要产品的特征、生产工艺流程、物理性能的基本理论知识。

② 熟悉水泥、混凝土、钢材主要物理性能的种类以及国家标准或行业标准的相关技术要求；掌握常用物理指标的计算方法。

③ 掌握并理解影响物理检验准确性的主要因素。

④ 熟悉本专业物理检验仪器设备的名称、规格和使用维护方法；了解物理检验仪器的工作原理和故障原因。

⑤ 了解本专业国内外先进的物理检验技术和检验方法及发展新趋势。

（2）技能要求

① 熟练掌握水泥、混凝土、钢材常规物理性能的检验操作方法，正确控制试验条件，并能解决物理试验中出现的异常现象。

② 正确使用、维护、检查本岗位仪器设备，并及时更换不合格的仪器和模具。

③ 会编制本岗位的材料消耗计划以及仪器设备的自检和检定计划。

④ 能独立完成本岗位的物理检验工作，操作熟练正确，检验数据准确可靠，并能正确处理试验结果。

⑤ 能编写和修改物理检验操作规程，承担物理室的工艺设计工作。传授物理检验理论和操作经验。

3. 教学目的

通过水泥、混凝土和钢材的常规物理性能及其检验方法的教学，使学生在专业知识和专业技能两个方面达到职业技术的工作要求，最终形成就业的岗位能力和具有发展的职业能力。这就是我们要达到的教学目的。

熟练掌握水泥、混凝土、钢材常规物理性能的检验方法，胜任本岗位的物理检验工作，是本课程结束后要达到的最基本的目的，也是学生具有岗位能力的具体体现。同时，为了应对就业形势的变化，也为了适应学生自身职业取向的变化，在本课程的教学过程中应有意识地培养和发展学生的一般职业能力，即具有发展的职业能力，以提高职业竞争能力，还应注重以下几个方面的教学。

① 引导学生分析影响试验的因素，把握误差分析的要领，不断提高检验结果的准确性，并使学生的数理逻辑分析、综合与运用能力得以提升。

② 通过严格的训练和考核，培养学生严守岗位操作程序、严谨细致的职业素养和良好的工作习惯，使学生具备具有竞争力的职业道德。

③ 引导并督促学生经常阅读检验标准方法中的有关条文，通过讲解和示范帮助他们正确理解条文的含义，逐渐习惯标准文件的表述风格并提高对标准条文的理解力，以使他们获得一种将文字表述的检验方法正确转换为实际操作的能力。这种能力将使学生能以最快、最直接的方式掌握最新的标准方法，并对检验过程的规范性作出正确的判断。

四、教材说明

实现本课程的教学目的，教师应具备丰富的教学经验、扎实的理论功底和熟练的操作水平。除此之外，还需要一本作为教学蓝图的教材。该教材应将本课程的专业理论基本知识和职业技能融为一体，即所谓一体化教材。这种教材区别于通常教材的特点是，通过具体的工作任务即试验项目加深学生对专业理论知识的理解，而这种理解又促进他们实际操作水平的提高。本教材正是为试图实现这一目的而编写的，因而在教材的体裁上有别于通行的建筑材料教材。整个教学活动以试验项目的实操训练和考核为重点，同时又将相关的理论知识融合其中，使学生通过试验项目即工作任务的学习、训练、考核和讨论，掌握理解相关的专业知识，运用和发展职业技能。

本教材是在水泥、混凝土、钢材的专业学科的发展逻辑上，以这三种最常用的建筑材料的常规物理性能的试验项目为主线编辑而成。在体裁上，每一个工作任务即试验项目由四个部分组成：基本知识、试验方法、训练与考核、阅读与了解。

1. 基本知识

该部分主要包括要检验的物理性能的概念、影响因素、国家标准的要求等，为试验原理

（或试验目的）、试验步骤的展开做准备，重点在国家标准对该项物理性能的要求，让学生明确国家标准对该项物理性能的规定。

2. 试验方法

为了顾及学生就业的普遍适应性，除引用少量的最新行业标准的规定外，本教材涉及的水泥、混凝土和钢材的物理性能试验方法按现行的国家标准编写，并标注标准代号，以便学生和教师查阅与核对。编者以为，在教学活动中应将相关试验方法的国家标准的完整版本作为配套教材使用，以培养学生阅读标准文件的习惯，并逐渐提高他们对标准条文的理解力，以达到教学目的③的要求。

该部分包括试验原理（或试验目的）、试验仪器设备、试验操作步骤、试验结果的计算与处理。重点在试验操作步骤，教师应通过清晰、准确、完整的演示让学生了解试验操作的关键和处理方法，以提高他们的兴趣和注意力。

3. 训练与考核

这是整个教学活动的重心。为了实现本课程的教学目的，该部分由四个环节组成：训练的基本要求、操作时应注意的事项、训练与考核的技术要求和评分标准、讨论与总结。四个环节的性质、作用和安排分述如下。

（1）训练的基本要求 这一环节主要是培养学生注意每一个工作任务细节的习惯，为达到教学最基本的目的作准备，也为达到教学目的②作铺垫。为此将相关的理论知识、试验原理、试验条件的控制、操作方法、仪器设备的参数、试验原始记录表等融合在一起，最后要求学生以试验报告的形式作一个书面的总结。每一个试验项目的试验报告总是包括测定原理（或目的）、试验方法依据的标准、仪器设备、试验步骤、试验结果及其计算过程、试验原始记录表、问答这七个内容。其中"试验原始记录表"是参照企业用的原始记录表格编写的，以便学生上岗就业后能准确快速地填写工作报表。而"问答"这一块则是以填空的形式让学生自己总结试验过程中的技术要求和仪器设备的参数，加强对试验项目的理解。"问答"是一个开放的主题，指导教师可以根据学生的训练情况增添或删减相关的内容。

在工作任务的训练过程中，教师除指导学生完成试验项目的操作外，还应指导他们如何正确填写"试验原始记录表"，并加以核实。

（2）操作时应注意的事项 这一环节是让学生注意影响试验结果的主要因素，在完成工作任务的过程中学会误差分析，提高检验结果的准确度，提升学生做好试验的信心，也是为达到教学目的①作的铺垫。这也是一个开放的环节，编者根据自己的教学经验列举若干操作时应注意的事项，但指导教师可以根据自己的教学经验、现场的训练情况以及学生遇到的问题作出适当的增减，以丰富这一环节。

（3）训练与考核的技术要求和评分标准 训练与考核的技术要求和评分标准是按照建材物理检验工技能等级考核高级工应会的标准编写而成，训练与考核的要求和标准相同，以使学生从训练开始就按照标准规定的条件和步骤完成试验项目。在项目的训练过程中，指导教师应按照工作任务的技术要求严格要求学生，使其养成严谨的工作习惯，同时帮助有困难的学生掌握操作技巧并完成训练的项目。成熟一个，考核一个，不必安排统一的考核时间。对于在规定的教学时间内不能通过项目考核的学生，指导教师应作出适当的训练和考核时间安排，并发动同学之间互帮互助，鼓励有困难的学生完成训练项目，但不得降低考核标准。这是达到本课程最基本的教学目的和教学目的②的重要环节。在本课程结束之时，应完成本课程规定的所有试验项目的训练和考核，并通过建材物理检验高级工的国家职业技能资格考试。

（4）讨论与总结 这一环节主要通过"操作的影响"和"仪器设备的影响"来探讨影响物理性能检验结果的因素以及相应的处理方法，加深理解误差理论在具体的项目试验中的应用。这一环节应在该项目考核结束之后进行，以便学生对整个工作任务的重点和难点有一个清晰的认识，找到自己的不足。

在讨论与总结这一环节的进行过程中，不希望变成教师的一言堂，这应该是一个互动的环节，教师应引导和鼓励学生积极参与讨论。编者根据自己的教学和实践经验列举了若干条的影响因素和处理方法，只希望起到抛砖引玉的作用。这同样是个开放的环节，教师应根据训练和考核中观察到的情况，结合自己的经验增减或修正已有的条款，也要鼓励学生诉说自己的经验和体会，只要是正确的，不管是否具有代表性都应纳入其中，以丰富这一环节的内涵。这是一个重要的环节，是达到教学目的①的一个有效的举措。

4. 阅读与了解

在每一个工作任务之后都有一个"阅读与了解"的部分，其内容并非是介绍最新的科技或应用成果，而是与试验项目有关的专业知识或试验方法。目的是扩大学生的知识面，引发学生对本课程的兴趣和关注。教师可以根据教学的要求、时间的安排以及学生的兴趣爱好作出适当的选择。

第一章 ▷▷▷ ▶▶▶ 水泥的物理性能与检验

Chapter 1

引言　水泥的基本知识

　　水泥是一种水硬性胶凝材料。水硬性胶凝材料系指既能在空气中硬化，其后又能在水中继续硬化，并不断增进其强度的一类材料。粉末状的水泥与水混合成可塑性的浆体，经过一系列的物理化学作用后，变成坚硬的水泥石，并能将散粒状（或块状）的材料如砂、石黏结成为坚固的整体。水泥浆体的硬化不仅能在空气中进行，还能更好地在水中进行并继续增长其强度。

　　水泥是最主要的建筑材料之一，广泛应用于工业与民用建筑、道路、水利和国防工程。在实际应用中，水泥单独使用的情况很少，常与砂、石等骨料或钢筋、玻璃纤维等增强材料配制成各种混凝土，作为工程的结构材料使用；也可配制成各种砂浆，用于建筑物的砌筑、抹面、装饰等。我国是水泥生产大国，产量已超过世界水泥产量的一半。

　　水泥品种繁多，一般按主要的水硬性物质分类和命名，可分为硅酸盐水泥、铝酸盐水泥、硫铝酸盐水泥等，其中硅酸盐系列水泥应用最为广泛。也可按水泥的性能和用途划分，有通用水泥、专用水泥如油井水泥和道路水泥等、特性水泥如快硬水泥和低热水泥等。在所有水泥中应用最多、最广泛的是通用硅酸盐水泥。

　　通用硅酸盐水泥是以硅酸盐水泥熟料和适量石膏以及规定的混合材料共同磨细制成的水硬性胶凝材料。按混合材料的品种和掺入量的不同，通用硅酸盐水泥又分为硅酸盐水泥、普通硅酸盐水泥、矿渣硅酸盐水泥、火山灰质硅酸盐水泥、粉煤灰硅酸盐水泥和复合硅酸盐水泥六种水泥。

　　下面有关水泥基本知识的介绍都是围绕通用硅酸盐水泥展开。

一、水泥的生产过程

　　生产水泥的主要原材料是石灰质原料、黏土质原料和铁质原料。石灰质原料有石灰石、白垩等，以石灰石为主，主要提供氧化钙；黏土质原料有黏土、页岩等，以黏土为主，主要提供氧化硅和氧化铝；铁质原料以铁矿石为主，提供三氧化铁。

　　为调整水泥的凝结时间，在生产的最后阶段还要加入石膏；同时为了扩大水泥的应用范围和增加产量以及环保的原因，在水泥制成环节掺入各种工业废渣即混合材。

　　水泥的生产过程可以归结为生料制备、熟料烧成和水泥制成三个阶段，现简述如下（图 1-0-1）。

1. 生料制备

将石灰石、黏土、铁矿石三种原材料按比例在生料磨机内混合磨细，制备成生料。

2. 熟料烧成

将制备好的生料送入水泥窑内在 1450℃ 的高温下煅烧为熟料并急冷。

3. 水泥制成

将熟料、石膏、混合材按比例在水泥磨机内混合磨细，制成水泥。

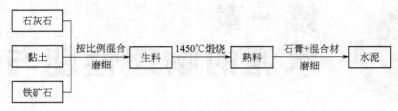

图 1-0-1　水泥生产工艺过程

概括地讲，水泥的生产工艺过程就是"两磨（生料粉磨和水泥粉磨）、一烧（熟料煅烧）"。

二、水泥的组分材料

（一）熟料

由上述水泥的生产过程可知，水泥熟料是由石灰石、黏土、铁矿石在 1450℃的高温下煅烧而成。经过高温化学反应，这些原材料转化成以硅酸钙（C_3S+C_2S）为主要成分的水泥熟料，因而称为硅酸盐水泥熟料。《通用硅酸盐水泥》（GB 175—2007）给它的定义如下。

由主要含 CaO、SiO_2、Al_2O_3、Fe_2O_3 的原料，按适当比例磨成细粉烧至部分熔融所得以硅酸钙为主要矿物成分的水硬性胶凝物质。其中，硅酸钙矿物不小于 66%，氧化钙和氧化硅质量比不小于 2.0。

1. 熟料的主要化学成分

水泥的质量主要决定于熟料的质量。优质熟料应该具有合适的矿物组成和岩相结构。因此，控制熟料的化学成分，是水泥生产的中心环节之一。

硅酸盐水泥熟料的主要化学成分是氧化钙（CaO）、二氧化硅（SiO_2）、三氧化二铝（Al_2O_3）、三氧化二铁（Fe_2O_3）四种氧化物，它们在熟料中的总量在 95% 以上。另外还有其他少量氧化物，如 MgO、K_2O、Na_2O、SO_3 等。

据统计，在硅酸盐水泥熟料中，四种主要氧化物含量的大致范围如下。

CaO	SiO_2	Al_2O_3	Fe_2O_3
62%～67%	20%～24%	4%～7%	3%～5%

2. 熟料的矿物组成

在硅酸盐水泥熟料中，CaO、SiO_2、Al_2O_3、Fe_2O_3 等并不是以单独的氧化物形式存在。这些氧化物在熟料煅烧过程中，在不同的高温阶段，发生多种高温化学反应，分别形成具有不同性能的熟料矿物。硅酸盐水泥熟料中的主要矿物有以下四种：

① 硅酸三钙，化学组成式为 $3CaO \cdot SiO_2$，简写为 C_3S；

② 硅酸二钙，化学组成式为 $2CaO \cdot SiO_2$，简写为 C_2S；

③ 铝酸三钙，化学组成式为 $3CaO \cdot Al_2O_3$，简写为 C_3A；

④ 铁铝酸四钙，化学组成式为 $4CaO \cdot Al_2O_3 \cdot Fe_2O_3$，简写为 C_4AF。

另外，还有少量的游离氧化钙（f-CaO）、方镁石（MgO）、含碱矿物、玻璃体等。

通常，熟料中硅酸三钙和硅酸二钙的含量占 75% 左右，称为硅酸盐矿物；铝酸三钙和铁铝酸四钙占 22% 左右。在煅烧过程中，后两种矿物与氧化镁、碱等在 1250～1280℃开始，会逐渐熔融成液相以促进硅酸三钙的顺利形成，故称为熔剂矿物。

同样都属硅酸盐水泥熟料，但主要矿物的含量却会有较大的差别。这是因为生产熟料的工艺条件不同或对熟料性能要求的不同所选用配料方案的不同。硅酸盐水泥熟料四种主要矿物含量的一般波动范围见表 1-0-1。

表 1-0-1　不同窑型熟料的矿物组成　　　　　　　　　　　　单位：%

窑型＼矿物	C_3S	C_2S	C_3A	C_4AF	C_3S+C_2S	C_3A+C_4AF
旋窑	42～60	15～32	4～11	10～18	72～78	20～24
立窑	38～55	20～33	4～7	13～20	70～75	19～24

3. 熟料矿物性质简介

（1）硅酸三钙（C_3S）　硅酸三钙主要由硅酸二钙和氧化钙反应生成，是硅酸盐水泥熟料的主要矿物，其含量通常占熟料的 50% 以上。在硅酸盐水泥熟料中，硅酸三钙并不以纯的形式存在，晶体中常含有少量 MgO 和 Al_2O_3 等氧化物，形成固溶体，称为阿利特（Alite），简称 A 矿。

C_3S 加水调和后，凝结时间正常，水化较快，早期强度高，强度增进率较大。其 28d 强度、一年强度是四种矿物中最高的。它的体积干缩性也较小，抗冻性较好。因此，一般希望熟料中有较多的 C_3S。但它的水化热较高，抗水性较差，抗硫酸盐侵蚀能力也较差。另外，由于在煅烧过程中，C_3S 形成需要较高的烧成温度和较长的烧成时间，这给熟料的煅烧操作带来了困难。因此，在实际生产中不能不切实际地追求 C_3S 的含量，否则将导致有害成分 f-CaO 增多，反而降低熟料质量。

（2）硅酸二钙（C_2S）　硅酸二钙由氧化钙和氧化硅反应生成。在熟料中的含量一般为 20% 左右，是硅酸盐水泥熟料的主要矿物之一。

C_2S 水化速度较慢，凝结硬化缓慢，早期强度较低，但 28d 以后，强度仍能较快增长，在一年后可接近 C_3S。

增加粉磨比表面积，可以明显增加 C_2S 的早期强度。

纯 C_2S 在 1456℃ 以下易发生多种晶型转变，尤其在低于 500℃ 时，由于 β-C_2S 转变为密度更小、活性很低的 γ-C_2S 时，体积膨胀 10%，导致熟料粉化，且使熟料强度大大降低。这种现象在通风不良、液相量较少、还原气氛较浓、冷却较慢的立窑生产中较为多见。在烧成温度较高、冷却较快的熟料中，由于 C_2S 中固溶进少量 Al_2O_3、Fe_2O_3、MgO 等，通常都可保留 β 型。这种 β-C_2S 被称贝利特（Belite），简称 B 矿。

（3）铝酸三钙（C_3A）　铝酸三钙水化速度及凝结硬化很快、放热多，如不加石膏等缓凝剂，易使水泥急凝。铝酸三钙硬化也很快，它的强度 3d 内就大部分发挥出来，故早期强度较高，但绝对值不高，以后几乎不再增长，甚至倒缩。铝酸三钙的干缩变形大，抗硫酸盐性能差，脆性大，耐磨性差。

（4）铁铝酸四钙（C_4AF）　铁铝酸四钙的水化速度在早期介于铝酸三钙与硅酸三钙之间，但随后的发展不如硅酸三钙。它的强度早期类似于铝酸三钙，而后期还能不断增长，类似于硅酸二钙。它的水化热低，干缩变形小，耐磨，抗冲击，抗硫酸盐侵蚀能力强。含有少量其他氧化物的铁铝酸四钙称为才利特（Celite），简称 C 矿。

铁铝酸四钙和铝酸三钙在煅烧过程中熔融成液相，可以促进硅酸三钙的形成，这是它们的一个重要作用。如果物料中熔剂矿物过少，易生烧，氧化钙不易被吸收完全，导致熟料中游离氧化钙增加，影响熟料质量，降低窑的产量，增加燃料消耗。如果熔剂矿物过多，在立窑内易结大块，结炉瘤；在回转窑内易结大块，结圈等。液相的黏度，随 C_3A/C_4AF 的比值而增减，铁铝酸四钙多，液相黏度低，有利于液相中离子的扩散，促进硅酸三钙的形成，但铁铝酸四钙过多，易使烧结范围变窄，不利于窑的操作。对于一般工艺条件的水泥熟料窑而言，熟料中含有一定量的 C_3A 对于旋窑窑皮和立窑底火是必要的。

（5）游离氧化钙（f-CaO）和方镁石（MgO）　由于配料方案不当、生料过粗或煅烧不良，熟料中就会出现没有被吸收的以游离状态存在的氧化钙，称为游离氧化钙，又称游离石灰（free lime 或 f-CaO）。

在烧成温度下，烧死的游离氧化钙结构比较致密，水化很慢，通常要在加水 3d 以后反应才比较明显。游离氧化钙生成氢氧化钙时，体积膨胀 97.9%，在硬化水泥石内部造成局部膨胀应力。因此，随着游离氧化钙含量的增加，首先是抗拉强度、抗折强度降低，进行 3d 以后强度倒缩，严重时甚至引起安定性不良，使水泥制品变形或开裂，导致水泥石结构破坏。为此，应严格控制游离氧化钙的含量：一般回转窑熟料中的游离氧化钙含量控制在 1.0% 以下，立窑熟料中的游离氧化钙含量控制在 2.5% 以下。

立窑熟料中的游离氧化钙含量可比回转窑熟料中的游离氧化钙含量略为放宽。因为立窑熟料中的游离氧化钙有一部分没有被高温烧死，其水化速度较快，对建筑物的破坏力不大。

方镁石是游离状态的氧化镁晶体。熟料煅烧时，氧化镁有一部分可和熟料矿物结合成固溶体而溶于液相中。因此，当熟料含有少量氧化镁时，能降低熟料液相生成温度，增加液相熟料，降低液相黏度，有利于熟料形成，还能改善熟料色泽。

方镁石的水化速度比游离氧化钙更为缓慢，要几个月甚至几年才能明显起来。水化生成氢氧化镁时，体积膨胀 148%，也会导致水泥安定性不良。因此，国家标准对水泥中氧化镁含量作了规定。

（二）石膏

主要成分为 $CaSO_4$，水泥中加入石膏是为了控制铝酸三钙（C_3A）的水化，调节水泥的凝结时间，防止水泥急凝。

1. 天然石膏

天然石膏应符合 GB/T 5483 中规定的 G 类或 M 类二级（含）以上的石膏或混合石膏。

2. 工业副产石膏

工业副产石膏以硫酸钙为主要成分的工业副产物。使用前应经过试验证明对水泥性能无害。

（三）混合材料

掺入到水泥中的人工的或天然的矿物材料称为混合材料。

在水泥中掺入混合材料能改善水泥的某些性能，同时还能大幅度提高水泥的产量，明显降低水泥的生产成本，因为掺入的混合材料大多为其他工业废渣，可以改善被工业污染的环境。因此，在水泥生产中掺加混合材料受到国家的支持和鼓励。

用于水泥中的混合材料分为活性混合材料和非活性混合材料两大类。

1. 活性混合材料

具有火山灰性或潜在水硬性的矿物质材料。活性混合材料掺入水泥后，能与水泥的水化产物氢氧化钙起化学反应，生成水硬性水化产物，凝结硬化后具有强度并改善水泥的某些性质。这类混合材料是符合国家标准（GB/T 203、GB/T 18046、GB/T 1596、GB/T 2847）要求的粒化高炉矿渣、粒化高炉矿渣粉、粉煤灰、火山灰质混合材料。

2. 非活性混合材料

在水泥中主要起填充作用而又不损害水泥性能的矿物质材料。这类材料活性指标分别低于标准要求的粒化高炉矿渣、粒化高炉矿渣粉、粉煤灰、火山灰质混合材料、石灰石和砂岩，其中石灰石中的三氧化二铝含量应不大于 2.5%。

三、通用硅酸盐水泥的品种、代号、组成

通用硅酸盐水泥是指以硅酸盐水泥熟料和适量的石膏及规定的混合材料制成的水硬性胶

凝材料。通用硅酸盐水泥的品种、代号与组成应符合表 1-0-2 的规定。

表 1-0-2 通用硅酸盐水泥的品种、代号与组成（GB 175—2007）

品种	代号	组分				
		熟料＋石膏	粒化高炉矿渣	火山灰质混合材料	粉煤灰	石灰石
硅酸盐水泥	P·Ⅰ	100	—	—	—	—
	P·Ⅱ	≥95	≤5			
		≥95				≤5
普通硅酸盐水泥	P·O	≥80且<95	>5且≤20①			
矿渣硅酸盐水泥	P·S·A	≥50且<80	>20且≤50②			
	P·S·B	≥30且<50	>50且≤70②			
火山灰质硅酸盐水泥	P·P	≥60且<80	—	>20且≤40③		
粉煤灰硅酸盐水泥	P·F	≥60且<80			>20且≤40④	
复合硅酸盐水泥	P·C	≥50且<80	>20且≤50⑤			

1. 本组分材料为符合本标准第 5.2.3 条的活性混合材料，其中允许用不超过水泥质量 8％且符合本标准第 5.2.4 条的非活性混合材料或不超过水泥质量 5％且符合本标准第 5.2.5 条的窑灰代替。

2. 本组分材料为符合 GB/T 203 或 GB/T 18046 的活性混合材料，其中允许用不超过水泥质量 8％且符合本标准第 5.2.3 条的活性混合材料或符合本标准第 5.2.4 条的非活性混合材料或符合本标准第 5.2.5 条的窑灰中的任何一种材料代替。

3. 本组分材料为符合 GB/T 2847 的活性混合材料。

4. 本组分材料为符合 GB/T 1596 的活性混合材料。

5. 本组分材料为由两种（含）以上符合本标准第 5.2.3 条的活性混合材料或/和符合本标准第 5.2.4 条的非活性混合材料组成，其中允许用不超过水泥质量 8％且符合本标准第 5.2.5 条的窑灰代替。掺矿渣时混合材料掺量不得与矿渣硅酸盐水泥重复。

四、通用硅酸盐水泥的技术要求（GB 175—2007）

1. 化学成分指标

化学成分指标应符合表 1-0-3 的规定。

表 1-0-3　通用硅酸盐水泥的化学成分指标　　　　　　　　　单位：％

品种	代号	不溶物	烧失量	三氧化硫	氧化镁	氯离子
硅酸盐水泥	P·Ⅰ	≤0.75	≤3.0	≤3.5	≤5.0①	≤0.06③
	P·Ⅱ	≤1.50	≤3.5			
普通硅酸盐水泥	P·0	—	≤5.0			
矿渣硅酸盐水泥	P·S·A			≤4.0	≤6.0②	
	P·S·B				—	
火山灰质硅酸盐水泥	P·P			≤3.5	≤6.0②	
粉煤灰硅酸盐水泥	P·F					
复合硅酸盐水泥	P·C					

1. 如果水泥压蒸试验合格，则水泥中氧化镁的含量（质量分数）允许放宽至 6.0％。

2. 如果水泥中氧化镁的含量（质量分数）大于 6.0％时，需进行水泥压蒸安定性试验并合格。

3. 当有更低要求时，该指标由买卖双方协商确定。

2. 碱含量（选择性指标）

水泥中碱含量按 $Na_2O+0.658K_2O$ 计算值表示。若使用活性骨料，用户要求提供低碱水泥时，水泥中的碱含量应不大于 0.60％或由买卖双方协商确定。

3. 物理指标

（1）凝结时间　硅酸盐水泥初凝不小于 45min，终凝不大于 390min。

普通硅酸盐水泥、矿渣硅酸盐水泥、火山灰质硅酸盐水泥、粉煤灰硅酸盐水泥和复合硅酸盐水泥初凝不小于 45min，终凝不大于 600min。

（2）安定性　沸煮法合格。

（3）强度　不同品种不同强度等级的通用硅酸盐水泥，其不同各龄期的强度与技术要求应符合表 1-0-4 的规定。

表 1-0-4　通用硅酸盐水泥的强度等级与技术要求　　　　单位：MPa

品种	强度等级	抗压强度		抗折强度	
		3d	28d	3d	28d
硅酸盐水泥	42.5	≥17.0	≥42.5	≥3.5	≥6.5
	42.5R	≥22.0		≥4.0	
	52.5	≥23.0	≥52.5	≥4.0	≥7.0
	52.5R	≥27.0		≥5.0	
	62.5	≥28.0	≥62.5	≥5.0	≥8.0
	62.5R	≥32.0		≥5.5	
普通硅酸盐水泥	42.5	≥17.0	≥42.5	≥3.5	≥6.5
	42.5R	≥22.0		≥4.0	
	52.5	≥23.0	≥52.5	≥4.0	≥7.0
	52.5R	≥27.0		≥5.0	
矿渣硅酸盐水泥 火山灰硅酸盐水泥 粉煤灰硅酸盐水泥 复合硅酸盐水泥	32.5	≥10.0	≥32.5	≥2.5	≥5.5
	32.5R	≥15.0		≥3.5	
	42.5	≥15.0	≥42.5	≥3.5	≥6.5
	42.5R	≥19.0		≥4.0	
	52.5	≥21.0	≥52.5	≥4.0	≥7.0
	52.5R	≥23.0		≥4.5	

注：R 为早强型。

4. 细度（选择性指标）

硅酸盐水泥和普通硅酸盐水泥以比表面积表示，不小于 $300m^2/kg$；矿渣硅酸盐水泥、火山灰质硅酸盐水泥、粉煤灰硅酸盐水泥和复合硅酸盐水泥以筛余表示，$80\mu m$ 方孔筛筛余不大于 10％，或 $45\mu m$ 方孔筛筛余不大于 30％。

五、通用硅酸盐水泥的检验规则（GB 175—2007）

1. 编号及取样

水泥出厂前按同品种、同强度等级编号和取样。袋装水泥和散装水泥应分别进行编号和取样。每一编号为一取样单位。水泥出厂编号按年生产能力规定为：

200×10⁴t 以上，不超过 4000t 为一编号；

120×10⁴～200×10⁴t，不超过 2400t 为一编号；

60×10⁴～120×10⁴t，不超过 1000t 为一编号；

30×10⁴～60×10⁴t，不超过 600t 为一编号；

10×10⁴～30×10⁴t，不超过 400t 为一编号；

10×10⁴t 以下，不超过 200t 为一编号。

取样方法按 GB 12573 进行。可连续取，亦可从 20 个以上不同部位取等量样品，总量至少 12kg。当散装水泥运输工具的容量超过该厂规定出厂编号吨数时，允许该编号的数量超过取样规定吨数。

2. 水泥出厂

经确认水泥各项技术指标及包装质量符合要求时方可出厂。

3. 出厂检验

出厂检验项目为化学成分指标、凝结时间、安定性、强度。

4. 判定规则

① 化学成分指标、凝结时间、安定性、强度检验结果符合标准要求的为合格品。

② 化学成分指标、凝结时间、安定性、强度检验结果任何一项不符合标准要求的为不合格品。

六、包装、标志、运输与储存

1. 包装

水泥可以散装或袋装，袋装水泥每袋净含量为 50kg，且应不少于标示质量的 99%；随机抽取 20 袋总质量（含包装袋）应不少于 1000kg。其他包装形式由供需双方协商确定，但有关袋装质量要求，应符合上述规定。水泥包装袋应符合 GB 9774 的规定。

2. 标志

水泥包装袋上应清楚标明：执行标准、水泥品种、代号、强度等级、生产者名称、生产许可证标志（QS）及编号、出厂编号、包装日期、净含量。包装袋两侧应根据水泥的品种采用不同的颜色印刷水泥名称和强度等级，硅酸盐水泥和普通硅酸盐水泥采用红色，矿渣硅酸盐水泥采用绿色；火山灰质硅酸盐水泥、粉煤灰硅酸盐水泥和复合硅酸盐水泥采用黑色或蓝色。

散装发运时应提交与袋装标志相同内容的卡片。

3. 运输与储存

水泥在运输与储存时不得受潮和混入杂物，不同品种和强度等级的水泥在储运中避免混杂。

七、阅读与了解

生态水泥*

由于人口和经济的增长，人口向城市集中，工业与生活垃圾大量增加，特别是城市垃圾增加更为明显。过去，城市垃圾都是通过在陆地或在海洋下填埋处理。但是，由于垃圾迅速增加，即使通过把垃圾焚烧，使其体积压缩到 1/10 左右再填埋，也发现填埋场地不足。同时，填埋的垃圾对水体和土壤的污染日益严重。环境问题已成为迫切研究与解决的课题。其解决的方法之一是将城市垃圾烧成灰和下水道污泥一起作为生产水泥的原材料，制造出生态水泥。

生态水泥是以生态环境与水泥的合成语而命名的，是一种新型的波特兰水泥。这种水泥以城市垃圾烧成灰和下水道污泥为主要原料，经过处理、配料，并通过严格的生产管理而制成的工业产品，把生活垃圾和工业废弃物变成一种有用的建设资源。再生利用是生态水泥的特征。

从一般家庭排出的食品、包装、容器、干电池等各种各样的废弃物，烧成灰之后，其主要化学成分是 SiO_2，Al_2O_3，Fe_2O_3 和 CaO。这些垃圾烧成灰中含有普通水泥原料石灰石、黏土以及硅砂等成分。因此，利用这些烧成灰代替水泥原料，生产水泥是可行的。但是垃圾烧成灰中还含有氯离子和重金属。在生产生态水泥时必须将烧成灰中的重金属分离出去，并把氯离子吸收入水泥矿物的骨架中去。在生态水泥的开发过程中很重视以下三个方面：①尽量多用垃圾烧成灰等废弃物为原料；②制造出的水泥能广泛应用；③在水泥生产及其制品生产中，充分考虑到环境不受污染。

1994 年日本太平洋水泥公司开展了生态水泥的研究并已产业化，在生态水泥的生产和应用方面有了一定的积累。下面有关生态水泥的生产和应用均来自日本的经验。

1. 生态水泥的性质

（1）化学成分与矿物组成　生态水泥以 C_3S 与 $C_{11}A_7 \cdot CaCl_2$ 为主要矿物成分，并含有约 1/100 的 Cl。与普通水泥相比，生态水泥的 Al_2O_3、SO_3 及 Cl 含量偏高，而 SiO_2 含量偏低。在矿物组成中同样也含有 C_2S 和 C_4AF；但在铝酸盐矿物中，并不是普通水泥的 C_3A 而是 $C_{11}A_7 \cdot CaCl_2$。

（2）物理性质　与普通水泥相比，生态水泥的特点是凝结很快，强度在 1d、3d 龄期发展迅速，属于快硬水泥范围。因此，在使用时为了控制凝结时间，需要掺入缓凝剂和适当的掺合料。

2. 制造工艺

生态水泥的制造过程和普通水泥的制造工艺过程基本相同，由原料工段、烧成工段和粉磨工段组成。普通水泥制造过程中，使用的原料是石灰石、黏土和硅砂等，其质量比较均匀；各种原料按一定比例配合后进入粉磨机，根据化学成分分析结果，经过调整、混合，得到水泥生料，再送入水泥窑内煅烧，烧成温度为 1450℃，得到熟料。在水泥粉磨工段，熟料中掺入一定的石膏和混合材得到普通水泥。而生态水泥的制造工艺具有以下特点。

（1）原料工段　生态水泥的原料垃圾烧成灰的化学成分是不稳定的，离散性大，在预均化库中把烧成灰均化后，根据化学成分分析的结果，用石灰石、黏土调整原料的成分，再次在均化库中调整，使原料混合均匀。

（2）烧成工段　由于配好的原料中含有挥发性较大的元素，如 Cl；并为了防止已分解的有害的化合物再合成，排放到空气中的气体必须急冷。在生态水泥的生产过程中，由于与普通水泥的原料不同，不能采用预热分解窑，而是将原料直接投入回转窑中煅烧。烧成温度 1350℃，得到生态水泥熟料。另一方面，烧成灰中含有 Na_2O、K_2O 等碱成分，也含有 Cu、Zn、Cd、Pb 等重金属，在烧成温度下与 Cl 一起挥发，因此，排放气体要通过冷却将重金属分别回收。

（3）粉磨工段　烧成的生态水泥熟料，在粉磨工段中磨细成比表面积 $450m^2/kg$ 的粉体之后，配入无水石膏粉，得到生态水泥。

（4）重金属回收　生态水泥烧成时排出的窑灰，喷雾成浆，进入浆体料库，掺入硫酸浸出过滤，得到 Pb。滤液中加入 $NaOH$ 中和，再加含水 Na_2SO_4，使之硫化、过滤，得到铜。滤液经调整 pH 值后，排放废水。分离出来的重金属进一步精炼还原。

（5）工厂排气　原料烧成灰中，除了含有 Cl 和重金属，还含有有害氧化物等。生态水泥烧成过程中排放的气体必须是无害的。配好的原料中的有害氧化物，生产时 1350℃ 的高温能使之完全分解。为了防止其再度合成，排气需急冷。并通过活性炭吸附排除。SO_x 和 HCl 可以通过消石灰的吸附作用而除去。

3. 生态水泥的应用

（1）混凝土　由于生态水泥凝结很快，配制混凝土时，为了便于施工，要掺入一定量的缓凝剂，这种混凝土坍落度的经时变化与普通混凝土相似。7d和28d的抗压强度与水灰比的关系和普通混凝土一样呈直线关系，强度增长更快，耐久性与普通混凝土基本相同。

生态水泥中由于含有1%左右的Cl，若在钢筋混凝土中使用，易引起钢筋锈蚀，故一般都用于素混凝土。而施工中，除了掺入缓凝剂外，还可以与普通混凝土混合使用。生态水泥可用于道路混凝土、水坝混凝土、消波块和鱼礁块混凝土、各种砌块以及木屑水泥板等。

（2）地基改良固化剂　湿地、沼地等软弱地基改良中，可使用生态水泥作为固化剂。用生态水泥处理过的土壤，与普通混凝土相比，早期强度发展更快，后期强度稍低，是完全可以适应于加固与改良土壤的。

＊摘自：冯乃谦主编. 实用混凝土大全. 北京：科学出版社，2001.

第一节　水泥的密度

一、水泥密度的基本知识

（一）基本概念

广义密度的概念是指物质单位体积的质量。在研究建筑材料的密度时，由于对体积的测试方法的不同和实际应用的需要，根据材料体积的不同构成，可以引出不同的密度概念。如密度、表观密度、体积密度、堆积密度等。

水泥是粉体材料，常用密度和堆积密度来表述其单位体积的质量。

1. 密度

密度：水泥在绝对密实状态下，单位体积的质量（g/cm³）。

$$\rho = \frac{m}{V}$$

式中　ρ——水泥的密度，g/cm³；

　　　m——水泥的质量，g；

　　　V——水泥绝对密实状态下的体积，cm³。

2. 堆积密度

堆积密度：水泥在自然状态下，单位体积的质量（g/cm³）。

$$\rho_{堆积} = \frac{m}{V_{堆积}}$$

式中　$\rho_{堆积}$——水泥的堆积密度，g/cm³；

　　　m——水泥的质量，g；

　　　$V_{堆积}$——水泥在堆积状态下的体积，cm³。

3. 两个概念异同点的比较

① 相同点：均指单位体积的质量（g/cm³）。

② 差异：单位体积的内容不一样，水泥密度中"绝对密实状态下的体积"是指水泥本身的体积，不包括水泥颗粒之间空隙的体积；而堆积密度中的体积除了水泥本身的体积外还包含了水泥颗粒之间空隙的体积（图1-1-1）。

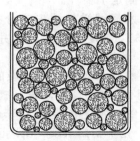

图 1-1-1　水泥堆积体积示意图

（水泥堆积体积＝水泥颗粒体积＋空隙体积）

（二）水泥密度

1. 常用水泥密度的分布范围

硅酸盐水泥为 $3.10 \sim 3.20 \text{g/cm}^3$；普通硅酸盐水泥为 $2.90 \sim 3.05 \text{g/cm}^3$；其他通用水泥为 $2.70 \sim 3.00 \text{g/cm}^3$。

2. 影响水泥密度的因素

①混合材的掺入量与品种；②熟料矿物组成与煅烧程度；③水泥的储存时间和条件。

（三）水泥堆积密度

水泥堆积密度的大小与堆积的紧密程度有关，常用松散堆积密度和紧密堆积密度表示和区分。测定方法参见本节"阅读与了解"。

① 松散堆积密度：指水泥粉从规定高度（50mm）下落到容量筒（一定的体积）之中的质量与体积之比。

② 紧密堆积密度：升筒在振动情况下装满水泥的质量与体积之比。

③ 常用水泥堆积密度的分布范围如下。

单位：g/cm^3

项目	硅酸盐水泥	普通硅酸盐水泥	其他通用水泥
松散堆积密度	$1.00 \sim 1.30$	$0.90 \sim 1.30$	$0.80 \sim 1.20$
紧密堆积密度	$1.50 \sim 1.90$	$1.40 \sim 1.80$	$1.20 \sim 1.80$

④ 影响水泥堆积密度的因素包括：影响水泥密度的因素；堆积的方式；水泥粉体颗粒大小的分布比例。

（四）水泥密度与堆积密度的应用

① 水泥的密度是测量水泥比表面积以及计算混凝土配合比不可或缺的重要参数。

② 水泥堆积密度是设计水泥库（车）容量的基本参数。

二、水泥密度的测定方法（GB/T 208—1994）

1. 测定原理：煤油排代法测水泥的体积

将一定质量（m）的水泥倒入装有无水煤油的李氏瓶中，煤油在瓶中增加的体积（ΔV）即为水泥的密实体积。所以

$$\rho_{水泥} = \frac{m}{\Delta V} = \frac{m}{V_2 - V_1}$$

2. 测量仪器

① 李氏瓶（与图 1-1-2 对照，仔细观察并了解其构造）；

② 恒温水槽、无水煤油、称量天平。

3. 测定步骤

① 水泥试样应预先充分拌匀并通过 0.90mm 方孔筛，在 (110 ± 5)℃温度下干燥 1h，并在干燥器内冷却至室温。称取水泥 60g，称准至 0.01g。

② 将无水煤油注入干燥的李氏瓶中到 0 至 1mL 刻度线后（以弯月面下部为准），盖上瓶塞放入恒温水槽内，使刻度部分浸入水中（水温应控制在李氏瓶刻度时的温度 20℃），恒温 30min，记下初始（第一次）读数 V_1（精确至 0.01mL）。

③ 用小匙将水泥样品全部装入李氏瓶中。反复摇动（亦可用超声动），至没有气泡排出。再次将李氏瓶静置于恒温水槽

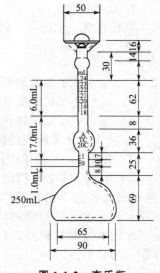

图 1-1-2　李氏瓶

中，恒温 30min，记下第二次读数 V_2（精确至 0.01mL）。

④ 第一次读数和第二次读数时，恒温水槽的温度差不大于 0.2℃。

4. 结果计算与处理

水泥体积应为第二次读数减去初始（第一次）读数，即水泥所排开的无水煤油的体积（mL），所以

$$\rho_{水泥} = \frac{m}{\Delta V} = \frac{m}{V_2 - V_1}$$

结果计算到小数第三位，且取整数到 0.01g/cm³，试验结果取两次测定结果的算术平均值，两次测定结果之差不得超过 0.02g/cm³。

三、水泥密度测定的训练与考核

（一）训练的基本要求

1. 检查内容

检查水泥试样是否过筛、烘干、冷却至室温；李氏瓶、称样天平、恒温水槽是否符合使用状况，记录试验室的温度和湿度。

2. 填写试验表格

试验时应严格遵守标准规定的测定步骤，并按下列形式如实填写试验原始记录表。

表格编号：＿＿＿＿＿＿＿＿＿＿＿＿＿＿＿＿＿＿＿＿＿＿

检测项目名称：＿＿＿＿＿＿＿＿＿＿＿＿＿＿＿＿＿＿＿　　　共 页 第 页

委托编号：＿＿＿＿＿＿＿＿＿　样品来源：＿＿＿＿＿＿＿　　样品编号：＿＿＿＿＿＿＿＿＿

水泥产地品牌：＿＿＿＿＿＿＿＿＿＿＿＿＿＿＿＿　　　品种等级：＿＿＿＿＿＿＿＿＿＿＿

水泥出厂编号：＿＿＿＿＿＿＿＿＿＿＿＿＿＿＿　　　取样日期：＿＿＿年＿＿＿月＿＿＿日

送检日期：＿＿＿年＿＿＿月＿＿＿日　　　　　　　检验日期：＿＿＿年＿＿＿月＿＿＿日

检验依据：＿＿＿＿＿＿＿＿＿＿＿＿＿＿＿＿＿＿＿＿＿

仪器名称与编号：＿＿＿＿＿＿＿＿＿＿＿＿＿

检测地点：＿＿＿＿＿＿＿　温度：＿＿＿＿＿＿＿　湿度：＿＿＿＿＿＿＿

检测前仪器状况：＿＿＿＿＿＿＿＿＿＿＿　　检测后仪器状况：＿＿＿＿＿＿＿＿＿

	水泥质量 m/g	第一次读数 V_1/mL	第一次读数时水温 T_1/℃	第二次读数 V_2/mL	第二次读数时水温 T_2/℃	密度 /（g/cm³）	平均值 /（g/cm³）
第一次测定							
第二次测定							

检验员　　　　　　　校核教师　　　　　　　　　　　年　　月　　日

3. 试验报告

试验报告应包括如下内容：

①测定原理；②试验方法依据的标准；③仪器设备；④试验步骤；⑤试验结果及其计算过程；⑥试验原始记录表；⑦问答。

（1）水泥密度测定的技术要求

① 水泥试样应预先通过＿＿＿＿＿＿的方孔筛并烘干冷却，烘干的温度和时间是＿＿＿＿＿＿，称样量＿＿＿＿＿＿。

② 水泥密度测定时恒温的温度控制值为＿＿＿＿＿＿，时间为＿＿＿＿＿＿，两次读数的温度

差_____。

③ 水泥密度测定结果以_____的平均值表示，但测定结果之差不得_____，水泥密度的单位是_____。

（2）水泥密度测定仪器设备的身份参数

① 李氏瓶：生产厂家_____；规格_____；出厂编号_____；最小刻度_____；容积刻度温度_____。

② 称样天平：生产厂家_____；类型与感量_____；仪器型号_____；出厂编号_____；称量范围_____。

③ 恒温水槽：生产厂家_____；温度控制误差_____；仪器型号_____；出厂编号_____；温度范围_____。

（二）操作时应注意的事项

① 李氏瓶使用前必须洁净干燥，水泥在装入李氏瓶以前要用滤纸将瓶内直壁黏附的煤油仔细擦干净。

② 水泥在装入李氏瓶以前的温度，应尽可能和瓶内的煤油的温度一致。

③ 水泥装入李氏瓶时应小心谨慎，防止水泥黏附在瓶壁上或撒出瓶外或出现堵塞现象。

④ 转动李氏瓶排除气泡时应基本保持垂直，以免瓶内煤油溅出瓶外。

⑤ 两次读数时恒温水槽内水的温差不得超过 0.2℃。

（三）训练与考核的技术要求和评分标准

训练与考核项目：水泥密度的测定

学生姓名_____，班级_____，学号_____

技术要求	配分	评分细则 括弧内的数字为该项分值，否则取平均分	得分
仪器设备检查	15（分）	①李氏瓶洗净并烘干（5） ②称样天平符合使用要求（5） ③恒温水槽温度符合测定要求（5）	
试样准备	10（分）	①水泥试样过筛并烘干（5） ②试样冷却至室温（5）	
操作步骤	48（分）	①第一次恒温时间符合要求（6） ②第一次液面读数正确（6） ③用滤纸擦洗瓶壁干净（6） ④称取水泥试样量及方法符合要求（6） ⑤水泥装入时不外撒、无堵塞（6） ⑥气泡排除完全（6） ⑦第二次恒温时间符合要求（6） ⑧第二次液面读数正确（6）	
结果确定	15（分）	①结果计算正确，两次测定结果之差符合要求（10） ②试验数据记录正确（5）	
安全文明操作	12（分）	①操作台面整洁、器械归位（4） ②无安全事故（8）	

评分：　　　　　　教师（签名）：

（四）讨论与总结

1. 讨论及总结的内容

简述水泥密度测定的原理、仪器设备、测定步骤及其相应的技术要求。

2. 操作应注意的事项

结合操作时应注意的事项，讨论影响水泥密度测定的主要因素及其控制方法。

（1）操作的影响

① 温度的波动：恒温，两次读数时恒温水槽内水的温差不得超过 0.2℃。

② 水泥在煤油中是否充分散开：转动李氏瓶排除气泡至无气泡上浮为止。

③ 水泥样品撒落在瓶外，黏附在瓶颈上：小心装入水泥，水泥在装入李氏瓶以前要用滤纸将瓶内直壁黏附的煤油仔细擦干净，装入水泥过程要保持李氏瓶内直壁部分干燥。

④ 时间：尽量缩短水泥装入的时间并保持一致，以控制煤油的挥发量。

（2）仪器设备的影响　国家标准对水泥密度试验所用仪器设备的主要技术要求的规定如下。

① 李氏瓶。有刻度的部分应以 0.1mL 为刻度，任何标明的容量误差都不大于 0.05mL；李氏瓶的结构材料是优质玻璃，透明无条纹，具有抗化学侵蚀热滞后性小，要有足够的厚度以确保较好的耐裂性。

② 无水煤油。符合 GB 253 要求。

③ 恒温水槽。温度控制误差不得超过 0.2℃。

④ 称量天平。最小分度值不大于 0.01g。

四、阅读与了解

水泥堆积密度的测定方法

水泥的堆积密度习惯上又称为容重，主要的测量设备是标准漏斗和容量筒（图 1-1-3），测定方法简述如下。

1. 松散状态下堆积密度（容重）的测定

① 将空容量筒 5（习惯上也称为升筒）称量（P_1）放在漏斗 1 的导管 2 下，使容量筒和导管位置在同一中心线上。导管盖 3 和升筒顶间的距离必须等于 50mm。

② 把导管盖盖上，在漏斗内装满已干燥水泥。

③ 抽开导管盖，轻轻振动筛子 4 上的水泥，使其自由落下，此时应防止升筒受到任何震动，以免水泥密实。

④ 当升筒溢出水泥时，立即闭盖。用钢尺紧贴切升筒口将多余的水泥一次刮平；轻击升筒数下，使水泥下沉（以防水泥外溢），然后称量盛有水泥的升筒（P_2）。

⑤ 计算：水泥堆积密度。

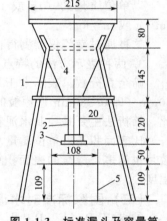

图 1-1-3　标准漏斗及容量筒
1—漏斗；2—导管；3—导管盖；
4—筛子；5—容量筒

$$\rho_{堆积} = \frac{m}{V_{堆积}} = \frac{P_2 - P_1}{V}$$

式中　$\rho_{堆积}$——水泥的堆积密度（容重），g/L（或 kg/m³）；

P_1——未盛水泥的升筒质量，g；

P_2——盛有水泥的升筒重量，g；

V——升筒容积，L。

2. 水泥紧密状态下堆积密度（容重）的测定

把水泥装入升筒将升筒加盖盖严，用机械加以均匀振动或用人工轻击，使之密实。当升筒内水泥受振沉降时，便添加水泥，直至水泥的体积固定不再沉降且达平口为止，再称量升筒。计算方法同上，即得水泥在紧密状态下的堆积密度（容重）。

第二节 水泥的细度

一、水泥细度的基本知识

（一）细度的基本概念

1. 细度的定义

粉状物料颗粒的粗细程度或分散程度称为细度。

水泥一般由几微米（µm）到几十微米大小不同的颗粒组成，它的粗细程度（颗粒大小）称为水泥细度。

水泥细度直接影响水泥的水化和凝结硬化速度、强度、需水性、干缩性、水化热等一系列物理化学性能。因此水泥的生产单位和使用单位对水泥的细度都十分重视。

2. 细度的表示方法

①筛余百分数；②比表面积；③颗粒级配；④平均粒径。

（二）水泥细度常用的表示方法

1. 筛余百分数

将水泥在一定孔径的标准筛（80µm 或 45µm 的方孔筛）上过筛（称为筛分析），用筛余量占水泥试样总量的质量分数表示细度的一种方法，结果用百分数（％）表示。

这种通过筛分析求得筛余百分数的方法称为筛余分析法，简称筛析法。

2. 比表面积

以单位质量的（1g 或 1kg）的水泥所具有的总表面积表示细度的一种方法，单位是 cm^2/g 或 m^2/kg。

这种通过专门仪器测得比表面积的方法称为比表面积法（勃氏法或透气法）。

3. 两种表示方法的特点

筛余百分数只表示大于某一尺寸颗粒的质量分数。如 80µm 筛析法测定结果只表示大于 80µm（即 0.080mm）颗粒的质量分数，对于小于 80µm 颗粒的分布程度则没有反映。因此，筛析法主要是控制水泥粉末粗颗粒不超过一定的百分数。

比表面积是以单位质量水泥颗粒所具有的总表面积来表示水泥的细度。水泥越细，颗粒数目也越多，暴露的表面积就越大。因而比表面积的大小能在总体上反映水泥颗粒的粗细程度。

（三）国家标准对水泥细度的规定（选择性）

① 对于 P·Ⅰ、P·Ⅱ、P·O 要求比表面积不小于 $300m^2/kg$；

② 其他通用水泥则要求 80µm 方孔筛余不大于 10.0％，或 45µm 筛余不大于 30％。

（四）水泥细度体现的意义

水泥颗粒的粗细对水泥的活性有重要影响，水泥粒径小于 30µm 时，水化快且能充分发挥水泥的活性，是水泥的主要活性组分，而当粒径大于 90µm 时，水泥颗粒仅表面水化几乎为惰性。因此水泥颗粒越细小（比表面积越大或筛余百分数越小），越能发挥水泥的潜在能力。但在生产中，粉磨过细，生产能耗加大，产量降低，生产成本上升。所以，在实际生产中要控制合适的细度指标。

（五）影响水泥细度的因素

影响水泥细度的主要因素是熟料的易磨性、混合材的品种与掺入量、粉磨工艺及粉磨时间。一般情况下，C_3S 含量高的熟料易磨，C_2S 含量高的熟料难磨；混合材中火山灰质材料、粉煤灰易磨，矿渣难磨。

二、水泥细度的检验方法——筛析法（GB/T 1345—2005）

筛析法测得的是水泥的筛余百分数。试验用的标准筛采用 $80\mu m$ 或 $45\mu m$ 的方孔标准筛，按现行国家标准有三种筛析法：负压筛析仪法、水筛法、手工干筛法。

（一）负压筛析仪法

1. 方法原理

用负压筛析仪，通过负压源产生的恒定气流，在规定筛析时间内使试验筛内的水泥达到筛分。

2. 主要仪器

①$80\mu m$ 或 $45\mu m$ 的标准方孔筛干筛；②负压筛析仪（图 1-2-1）；③称量天平。

3. 检验步骤

① 样品预处理：水泥试样应预先充分拌匀并通过 0.90mm 方孔筛。

② 称样（W）：$80\mu m$ 筛析试验称取试样 25g，$45\mu m$ 筛析试验称取试样 10g，精确至 0.01g。

③ 置于洁净的负压筛中，放在筛座器上，盖上筛盖，开动负压筛仪调节负压至 4000～6000Pa 范围内连续筛析 2min，在此期间如有试样附在筛盖，可轻轻敲击筛盖使试样落下。

④ 筛毕，称量筛余物质量 R_s，精确至 0.01g。

4. 筛余百分数（F）

筛余百分数按下式计算，精确到 0.1%：

$$F = \frac{筛余物（R_s）}{样品（W）} \times 100\%$$

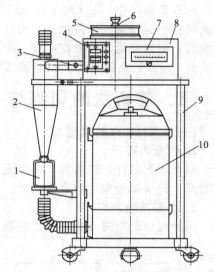

图 1-2-1 负压筛析仪

1—收尘瓶；2—旋风尘筒；3—调压螺栓；
4—数显控制板；5—负压筛；6—负压盖；
7—负压表；8—筛座；9—机架；10—收尘

（二）水筛法

1. 方法原理

将试验筛放在水筛座上，用规定压力的水流，在规定时间内使试验筛内的水泥达到筛分，如图 1-2-2 所示。

2. 主要仪器

①水筛（$80\mu m$ 或 $45\mu m$）及配套筛座；②喷头、水压表；③天平；④秒表；⑤电炉。

3. 测量过程

① 样品预处理：水泥试样应预先通过 0.90mm 方孔筛。

② 称样：称取试样的质量（W）。$80\mu m$ 筛析试验称取试样 25g；$45\mu m$ 筛析试验称取试样 10g，精确至 0.01g。

③ 冲洗：水泥试样倒入筛内立即用洁净水冲洗至大部分细粉通过，再将筛子置于筛座上，用水压 0.03～0.07MPa 的喷头连续冲洗 3min。

④ 筛余物转移、烘干、冷却、称量：筛毕取下筛子，将筛余物冲到一边，用少量水把筛余物全部转移至蒸发皿（或烘

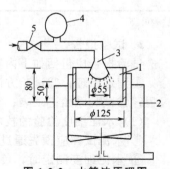

图 1-2-2 水筛法原理图

1—标准筛；2—筛座；3—喷头；
4—水压表；5—开关

干盘）中，沉淀后将水小心倾出，然后烘干冷却，称量筛余物的质量（R_s）。

4. 筛余百分数 F 的计算，精确到 0.1%：

$$F = \frac{R_s}{W} \times 100\%$$

（三）手工干筛法

因劳动强度、健康以及试验结果的稳定性等问题，应用不多。简述如下。

称取干燥试样 $25g$（$80\mu m$）或 $10g$（$45\mu m$）倒入筛内，一手执筛往复摇动，一手拍打，在此过程中试验筛应保持水平，拍打速度每分钟约 120 次。其间，筛子每 40 次应向同一方向旋转，使试样均匀分散在筛布上，直至每分钟通过不超过 $0.03g$ 时为止。称量筛余物，称准至 $0.01g$。筛余百分数 F 的计算方法同上。

三、筛析法的训练与考核

（一）训练的基本要求

1. 检查内容

检查水泥试样、试验筛、称样天平、负压筛析仪、水筛座、喷头、水压表等是否符合使用状况，记录试验室的温度和湿度。

2. 填写试验表格

试验时应严格遵守标准规定的测定步骤，按下列形式如实填写试验原始记录表。

表格编号：_____
检测项目名称：_____   共 页 第 页
委托编号：_____   样品来源：_____   样品编号：_____
水泥产地品牌：_____   品种等级：_____
水泥出厂编号：_____   取样日期：____年____月____日
送检日期：____年____月____日   检验日期：____年____月____日
检验依据：_____
仪器名称与编号：_____
检测地点：_____   温度：_____   湿度：_____
检测前仪器状况：_____   检测后仪器状况：_____

筛析方法		备注
水泥试样的质量/g		①试验筛筛号：
水泥筛余物的质量/g		②试验筛修正系数：$C=$
筛余百分率/%		③试验方法：

检验员　　　　　　　　校核教师　　　　　　　　　　　年　月　日

3. 试验报告

试验报告应包括如下内容：

①测定原理；②试验方法依据的标准；③仪器设备；④试验步骤；⑤试验结果及其计算过程；⑥试验原始记录表；⑦问答。

（1）水泥细度检验的技术要求

① 水泥试样应预先通过_____的方孔筛，称样量_____。

② 水泥细度测定时，负压控制值为_____，筛析时间为_____；水压控制范围是_____，冲洗时间_____，喷头到筛网的距离应为_____。

③ 筛析法测得的水泥细度是_____，按现行国家标准三种筛析法分别是_____ _____。

（2）水泥细度测定仪器设备的身份参数

① 水筛架：生产厂家＿＿＿＿＿＿＿＿＿＿＿；规格＿＿＿＿＿＿＿＿＿＿＿＿；
仪器型号＿＿＿＿＿；出厂编号＿＿＿＿＿。

② 称样天平：生产厂家＿＿＿＿＿＿＿＿＿＿；类型与感量＿＿＿＿＿＿＿＿＿＿；
仪器型号＿＿＿＿＿；出厂编号＿＿＿＿＿；称量范围＿＿＿＿＿。

③ 负压筛析仪：生产厂家＿＿＿＿＿＿＿＿＿；计量最小刻度＿＿＿＿＿＿＿＿；
仪器型号＿＿＿＿＿；出厂编号＿＿＿＿＿；负压范围＿＿＿＿＿。

（二）操作时应注意的事项

1. 负压筛析仪法

① 试验筛必须保持干燥洁净，筛孔通畅，筛网应紧绷在筛框上，定期检查、校正。

② 水泥试样不得受潮或混有其他杂质。

③ 筛析试验前负压筛析仪应空载试运转一遍，以检查负压能否达到试验要求的负压范围。

④ 每做完一次筛析试验，应用毛刷清理一次筛网。连续多次使用负压筛析仪应及时清理收尘瓶和收尘袋内的粉尘。

2. 水筛法

① 试验筛必须保持洁净，筛孔通畅，筛网应紧绷在筛框上，定期检查、校正。

② 检查喷头孔是否堵塞，试验筛与筛架配合良好且筛子转动灵活（约 50r/min），水压能否达到规定范围（0.05±0.02）MPa，喷头与筛网的距离在 35～75mm 范围内，一般以 50mm 为宜。

3. 试验筛的清洗与标定以及筛余结果的修正

① 试验筛每使用 10 次后要进行清洗，金属框筛、铜丝网筛清洗时应用专门的清洗剂，不可用弱酸浸泡。

② 试验筛每使用 100 次后需重新标定，以求出相应的修正系数 C（标定方法参见本节"阅读与了解"），筛析法最终结果＝筛余值×C。

4. 争议处理

有争议时，以负压法的结果为准。

（三）训练与考核的技术要求和评分标准

训练与考核项目：水泥筛余百分数的测定
考核项目1：负压筛析仪法　　　　　　　　时间要求：5min
学生姓名＿＿＿＿＿＿，班级＿＿＿＿＿＿，学号＿＿＿＿＿＿

技术要求	配分	评分细则 括弧内的数字为该项分值，否则取平均分	得分
仪器设备检查	15（分）	①标准筛检查（5） ②负压检查（5） ③时间设置（5）	
试样准备	10（分）	试样准备符合要求（10）	
操作步骤	50（分）	①称取水泥试样量及方法符合要求（10） ②试样筛析（16） 　a. 试样倒入符合要求（4） 　b. 负压符合规定（4） 　c. 筛析操作符合要求（4） 　d. 筛析时间符合规定（4） ③筛余物转移方法正确（8） ④筛网清理方法正确（8） ⑤筛余物称量方法正确（8）	

技术要求	配分	评分细则 括弧内的数字为该项分值，否则取平均分	得分
结果确定	15（分）	①结果计算正确（10） ②试验数据记录正确（5）	
安全文明操作	10（分）	①操作台面整洁、器械归位（4） ②无安全事故（6）	

实际操作时间（min）：　　　　　　　　　　超时扣分（3分/min）：
评分：　　　　　　　　　　　　　　　　　教师（签名）：

考核项目2：水筛法　　　　　　　　　时间要求：6min（至沉淀后将水倾出）
学生姓名_____，班级_____，学号_____

技术要求	配分	评分细则 括弧内的数字为该项分值，否则取平均分	得分
仪器设备检查	15（分）	①筛与筛座转动灵活（5） ②水压检查（5） ③喷头、筛网检查（5）	
试样准备	6（分）	试样准备符合要求（6）	
操作步骤	54（分）	①试样称量方法正确（4） ②称样量符合要求（4） ③冲洗试样（24） 　a. 预冲（4） 　b. 水压符合规定（4） 　c. 水筛转速符合要求（4） 　d. 大部分水喷在筛网上（4） 　e. 喷头高度符合要求（4） 　f. 冲洗时间符合规定（4） ④筛余物转移方法正确（8） ⑤试样烘干、冷却（8） ⑥筛余物称量方法正确（6）	
结果确定	15（分）	①结果计算正确（10） ②试验数据记录正确（5）	
安全文明操作	10（分）	①操作台面整洁、器械归位（4） ②无安全事故（6）	

实际操作时间（min）：　　　　　　　　　　超时扣分（3分/min）：
评分：　　　　　　　　　　　　　　　　　教师（签名）：

（四）讨论与总结

1. 讨论及总结内容

分别简述负压筛析仪法和水筛法测定的原理、仪器设备、测定步骤及其相应的技术要求。

2. 操作应注意的事项

结合操作时应注意的事项，讨论影响水泥细度测定的主要因素及其控制方法。

（1）操作的影响　此处以负压筛析仪法和水筛法为例说明。

负压筛析仪法的操作影响如下。

① 负压的波动：负压应稳定在 4000～6000Pa 范围内。

② 筛析时间的长短：连续筛析 2min。

③ 试验筛的使用状况：试验筛必须保持干燥洁净，筛孔通畅，筛网应紧绷在筛框上，定期检查、校正。

水筛法的操作影响如下。

① 水压的波动：水压应在规定的（0.05±0.02）MPa 范围内。

② 筛析时间的长短：在筛架上连续冲洗 3min 且试验筛转动平稳灵活。

③ 试验筛的使用状况：试验筛必须保持洁净，筛孔通畅，筛网应紧绷在筛框上，定期检查、清洗、校正。

④ 喷头的使用状况：喷头孔通畅，喷头与筛网的距离在 35～75mm 范围内。

（2）仪器设备的影响　国家标准对水泥细度试验所用仪器的技术要求有明确的规定。

① 负压筛和水筛的结构尺寸如图 1-2-3 所示。

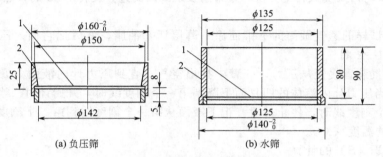

(a) 负压筛　　　　　(b) 水筛

图 1-2-3　试验筛的结构尺寸

1—筛网；2—筛框

② 试验筛修正系数：$C = 0.80 \sim 1.20$。

③ 称量天平：最小分度值不大于 0.01g。

四、水泥比表面积的测定方法——勃氏法（GB/T 8074—2008）

1. 测定原理

利用粉料的透气性，根据一定量的空气通过具有一定空隙率和固定厚度的水泥时，因所受阻力不同而引起流速的变化来测定水泥的比表面积。

2. 测量仪器

① 勃氏仪（图 1-2-4）：由透气圆筒、穿孔板、捣器、U 形压力计、抽气装置等组成；有自动和手动两种勃氏仪。

② 称量天平、计时秒表、滤纸。

3. 测定步骤

（1）试样制备　将待检测的水泥试样，先通过 0.90mm 方孔筛，再放入烘干箱中，以（110±5）℃的温度干燥 1h，然后放入干燥器冷却至室温。

（2）试样量的确定　计算样品质量的公式为：

$$W = \rho V(1 - \varepsilon)$$

式中　W——需要的试样量，g；

　　　ρ——试样密度，g/cm³；

　　　ε——试样捣实后的空隙率；P·Ⅰ、P·Ⅱ型水泥 $\varepsilon = 0.500 \pm 0.005$；其他水泥或粉料 $\varepsilon = 0.530 \pm 0.005$；

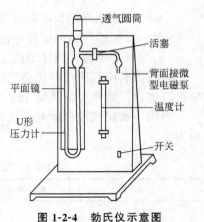

透气圆筒

活塞

背面接微型电磁泵

平面镜

温度计

U 形压力计

开关

图 1-2-4　勃氏仪示意图

　　　　V——圆筒中试验用的试料层体积，cm^3。测定方法参见本节"阅读与了解"。

　　（3）漏气检查　将透气圆筒上口用橡胶塞塞紧，接到压力计上。用抽气装置抽出部分空气，然后关闭阀门和抽气装置，观察是否漏气（3～5min 内压力计液面不下降，即为不漏气）。若发现漏气用活塞油脂加以密封。

　　（4）称量　根据公式 $W=\rho V(1-\varepsilon)$ 计算的样品质量，在千分之一天平上准确称量所需样品质量 W，精确至 0.001g。

　　（5）试样装入圆筒方法

　　① 将穿孔圆板安装于圆筒中，上面铺一张圆形滤纸，将称量好的水泥倒入圆筒内。

　　② 在桌面上以水平方向轻轻摇动圆筒，使水泥层表面平坦，然后在水泥层上再铺一张圆形滤纸，以捣器均匀捣实试料至支持环紧紧的接触到圆筒边并旋转 1～2 周，然后将捣器抽出。

　　（6）测定

　　① 在装有试样的透气圆筒的下锥面涂一薄层活塞油脂，然后把它插入压力计顶端锥形磨口处，旋转 1～2 圈。

　　② 打开抽气装置慢慢从压力计一臂中抽出空气，直到压力计内液面上升到扩大部下端时关闭阀门，当压力计内液体的凹月面下降到第一个刻度线时，开始计时。当液体凹月面徐徐下降到第二个刻度线时，停止计时。记下液面从第一个刻度线到第二个刻度线所需的时间（s）及试验时的温度（℃）。

　　4. 比表面积（S）的计算

$$S=\frac{S_s\sqrt{T}(1-\varepsilon_s)\sqrt{\varepsilon^3}\rho_s\sqrt{\eta_s}}{\sqrt{T_s}(1-\varepsilon)\sqrt{\varepsilon_s^3}\rho\sqrt{\eta}}$$

式中　S——被测试样的比表面积，m^2/kg 或 cm^2/g；

　　　　T——被测试样试验时，压力计中液面下降测得的时间，s；

　　　　ε——被测试样试验时的空隙率，％；

　　　　ρ——被测试样的密度，g/cm^3；

　　　　η——被测试样试验温度下的空气黏度，$\mu Pa\cdot s$（表 1-2-1）；

　　　　S_s——标准样品的比表面积，m^2/kg 或 cm^2/g；

　　　　T_s——标准样品校准时，压力计中液面下降测得的时间，s；

　　　　ε_s——标准样品校准时空隙率，％；

　　　　ρ_s——标准样品的密度，g/cm^3；

　　　　η_s——标准样品校准温度下的空气黏度，$\mu Pa\cdot s$。

　　水泥比表面积应由两次透气试验结果的平均值确定。如两次试验结果相差 2％ 以上时，应重新试验。计算应精确到 $1m^2/kg$ 或 $10cm^2/g$。

　　当同一水泥试样自动勃氏仪和手动勃氏仪测定的结果有争议时，以手动勃氏仪测定的结果为准。

表 1-2-1　在不同温度下水银密度、空气的黏度 η 和 $\sqrt{\eta}$

室温/℃	水银密度 $\rho_{水银}$/（g/cm^3）	空气黏度 η/（$Pa\cdot s$）	$\sqrt{\eta}$
8	13.58	0.0001749	0.01322
10	13.57	0.0001759	0.01326
12	13.57	0.0001768	0.01330
14	13.56	0.0001778	0.01333

续表

室温/℃	水银密度 $\rho_{水银}$/（g/cm³）	空气黏度 η/（Pa·s）	$\sqrt{\eta}$
16	13.56	0.0001788	0.01337
18	13.55	0.0001798	0.01341
20	13.55	0.0001808	0.01345
22	13.54	0.0001818	0.01348
24	13.54	0.0001828	0.01352
26	13.53	0.0001837	0.01355
28	13.53	0.0001847	0.01359
30	13.52	0.0001857	0.01363
32	13.52	0.0001857	0.01366
34	13.51	0.0001876	0.01370

五、勃氏法的训练与考核

（一）训练的基本要求

1. 检查内容

检查水泥试样是否过筛、烘干、冷却至室温，勃氏仪、称样天平、计时秒表是否符合使用状况，记录试验室的温度和湿度。

2. 填写试验表格

试验时应严格遵守标准规定的测定步骤，按下列形式如实填写试验原始记录表。

表格编号：_____

检测项目名称：_____　　　　共 页 第 页

委托编号：_____ 样品来源：_____　样品编号：_____

水泥产地品牌：_____　品种等级：_____

水泥出厂编号：_____　取样日期：_____年_____月_____日

送检日期：_____年_____月_____日　　　　　　　　　　检验日期：_____年_____月_____日

检验依据：_____

仪器名称与编号：_____

检测地点：_____　温度：_____　湿度：_____

检测前仪器状况：_____　检测后仪器状况：_____

试样层体积 V（cm³）_____　被测试样量 W（g）_____　被测试样密度 ρ（g/cm³）_____

被测试样试料层中的空隙率 ε_____　标准试样试料层中的空隙率 ε_S_____

标准试样密度 ρ_S（g/cm³）_____　标准试样的比表面积 S_S（m²/kg）_____

被测试样试验温度下的空气黏度的开方 $\sqrt{\eta}$_____

标准试样校准时压力中液面降落测得时间 T_S（s）_____

标准试样校准温度下的空气黏度的开方 $\sqrt{\eta}_S$_____

序号	室温/℃	时间 T/s	比表面积 S/（m²/kg）	平均值/（m²/kg）	技术要求/（m²/kg）	结论
第一次测定						□合格
第二次测定						□不合格

试验方法：□手动法　□自动法　　　　备注：

检验员　　　　　　　　　校核教师　　　　　　　　　年　月　日

3. 试验报告

试验报告应包括如下内容：

①测定原理；②试验方法依据的标准；③仪器设备；④试验步骤；⑤试验结果及其计算过程；⑥试验原始记录表；⑦问答。

（1）水泥比表面积测定的技术要求

① 水泥试样应预先通过_____的方孔筛并烘干冷却，烘干的温度和时间是_____，称样量的计算公式_____，对于空隙率的规定是_____，试验室相对湿度_____。

② 水泥比表面积测定结果以_____的平均值表示，试验结果相差_____以上时，应重新试验，比表面积的单位是_____。

③ 国家标准关于水泥细度的要求是_____。

（2）水泥比表面积测定仪器设备的身份参数

① 勃氏仪：生产厂家_____；仪器型号_____；出厂编号_____。

② 称样天平：生产厂家_____；类型与感量_____；仪器型号_____；出厂编号_____；称量范围_____。

（二） 操作时应注意的事项

① 捣实试样时，一定要使试样在筒中表面平坦，然后捣实，这样制备的水泥层，空隙分布比较均匀。

② 空隙率的影响：P·Ⅰ、P·Ⅱ型水泥 $\varepsilon = 0.500 \pm 0.005$，其他水泥或粉料 $\varepsilon = 0.530 \pm 0.005$。这个数值允许适当改变，空隙率的调整以 2000g 砝码（5 等砝码）将试样压至捣器的支持环紧紧地接触到圆筒边。

③ 水泥的密度对结果计算有影响，因此水泥密度一定要测准。

④ 防止仪器各部分接头处漏气，要保证试验过程中仪器的气密性。

⑤ 试验前仪器的液面应与液面线相切。

⑥ 垫在带孔圆板上的滤纸大小应与圆筒内径一致，不能太大，也不能太小。

⑦ 捣器捣实水泥层时，捣器的边必须与圆筒上边接触，以保证试料层达一定高度。

⑧ 用抽气球抽气时，应保持液面徐徐上升，以免损失液体。

⑨ 试验室相对湿度不大于 50%。适用于 200m²/kg 到 600m²/kg 粉体物料。

（三） 训练与考核的技术要求和评分标准

操作训练与考核项目：水泥比表面积的测定
学生姓名_____，班级_____，学号_____。
考核项目：水泥比表面积的测定（勃氏法）　　　　　　时间要求：10min

技术要求	配分	评分细则 括弧内的数字为该项分值，否则取平均分	得分
仪器设备检查	10（分）	①液面位置（5） ②漏气检查并能处理（5）	
试样准备	20（分）	①试样保存方法符合要求（5） ②试样量计算正确（15）	
操作步骤	30（分）	①称样操作正确（5） ②称样量符合要求（5） ③试样装入方法符合要求（5） ④抽气速度适当（5） ⑤确定液面下降位置正确（5） ⑥时间读数正确（5）	

续表

技术要求	配分	评分细则 括弧内的数字为该项分值，否则取平均分	得分

结果确定	25（分）	①试验数据记录（12）
		  a. 液面下降时间（复核一次，时间相差不大于0.5s）（8）
		  b. 温度（2）
		  c. 空隙率（2）
		②计算结果正确（13）	

安全文明操作	15（分）	①操作台面整洁（4） ②无安全事故（6） ③各仪器配件收齐归位（5）	

实际操作时间（min）：   超时扣分（3分/min）：

评分：   教师（签名）：

（四）讨论与总结

1. 讨论及总结内容

简述水泥比表面积测定的原理、仪器设备、测定步骤及其相应的技术要求。

2. 操作应注意的事项

结合操作时应注意的事项，讨论影响水泥比表面积测定的主要因素及其控制方法。

（1）操作的影响

① 仪器漏气：透气圆筒的下锥面涂一薄层活塞油脂并旋转1～2圈。

② 试料层的紧密程度：空隙率选取正确；水泥密度要测准；试样量计算准确；捣实试样的方法符合要求。

③ 液面降落的时间：压力计内液体在第一个刻度线和第二个刻度线的位置判断准确一致。

（2）仪器设备的影响 国家标准对水泥比表面积试验所用仪器的技术要求有明确的规定。

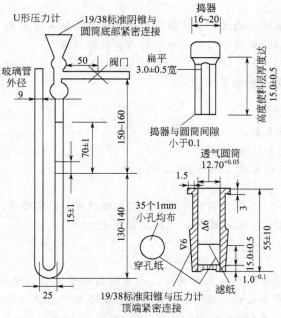

图 1-2-5 勃氏仪结构及主要尺寸图

① 称量天平：最小分度值不大于 0.001g。

② 计时秒表：最小分度值不大于 0.5s。

③ 滤纸：符合 GB/T 1914 的中速定量滤纸。

④ 透气圆筒、穿孔板、捣器、U 形压力计的尺寸：应符合 JC/T 956—2005 的要求，如图 1-2-5 所示。

⑤ 勃氏仪至少每年校正一次，使用频繁时则应半年进行一次，维修后也要重新标定。

六、阅读与了解

水泥试验筛的标定·标准物质* ·试料层体积的测定

（一）水泥试验筛的标定

1. 原理

用标准样品在试验筛上的测定值，与标准样品的标准值的比值来反映试验筛筛孔的准确度。

2. 试验条件

（1）水泥细度标准样品　符合 GSB 14—1511 要求，或相同等级的标准样品。有争议时以 GSB 14—1511 标准样品为准。

（2）仪器设备　同水泥细度筛析法的要求。

3. 被标定的试验筛

被标定的试验筛应事先经过清洗、去污、干燥（水筛除外）并和试验室温度一致。

4. 标定

（1）标准样品的处理　将标准样品装入干燥洁净的密闭广口瓶中，盖上盖子摇动 2min，消除结块。静置 2min，用一根干燥洁净的搅拌棒搅匀样品。

（2）标定操作　同水泥细度筛析法。每个试验筛的标定应称取两个标准样品连续进行，中间不得插做其他样品试验。

5. 标定结果

以两个样品结果的算术平均值为最终值，但当二个样品筛余结果相差大于 0.3% 时应称第三个样品进行试验，并取接近的两个结果进行平均作为最终结果。

6. 修正系数计算

修正系数按下式计算，精确至 0.01：

$$C = F_s / F_t$$

式中　C——试验筛修正系数；

F_s——标准样品的标准值，%；

F_t——标准样品在试验筛上的筛余值，%。

7. 合格判定

① 当 C 值在 0.80～1.20 范围内时，试验筛可继续使用。C 可作为结果修正系数。

② 当 C 值超出 0.80～1.20 范围时，试验筛应予淘汰。

（二）标准物质

1. 标准物质

标准物质是指已确定其一种或几种特性，用于校准测量器具、评价测量方法或确定材料特性量值的物质。标准物质要求材质均匀、性能稳定、批量生产、准确定值、有标准物质证书（标明标准值及定值的准确度等内容）。

用标准物质校准测量仪器、评价和验证测试方法、统一测试试量值的标准，是化学计量值溯源的技术基础，是一种计量标准。

随着我国标准化和计量工作的发展，标准样品和标准物质的研究与应用受到各方面广泛关注和重视。在建材行业为了保证标准样品的研制工作严格符合 GB/T 15000 系列标准的导则和《标准样品管理办法》的规范要求，规范标准样品的研制和发行工作，全国标准样品技术委员批准由中国建筑材料科学研究总院国家水泥质量监督检验中心成立"建筑材料国家标准样品研制中心"。该中心所研制的国家一级（GBW）和二级标准物质［GBW（E）］以及一级标准样品（GSB）已涵盖了水泥企业用的原料、燃料、半成品及成品的种类和范围。

2. 标准物质的应用

（1）用于校准分析仪器 理化测试仪器及成分分析仪器如酸度计、电导率、X 射线荧光分析仪等都属于相对测量仪器，在制造需要用标准物质的特定值来决定仪表的显示值。如 pH 计，需用 pH 标准缓冲物质配置 pH 标准缓冲溶液来定位，然后测定未知样品的 pH 值；电导仪需用已知电导率的标准氯化钾溶液来校准电导率常数；成分分析仪器要用已知浓度的标准物质校准仪器。

（2）用于评价分析方法 采用与被测试样组成相似的标准物质以同样的分析方法进行处理，测定标准物质的回收率，比加入简单的纯化学试剂测定回收率的方法更加简便可靠。其操作是：选择浓度水平、化学组成和物理形态合适的标准物质与试样作平行测定，如果标准物质准物质的分析结果与证书上所给的保证值一致，则表明分析测定过程不存在明显的系统误差，试样的分析结果也是可靠的。

（3）用作工作标准

① 制作工作曲线。仪器分析大多是通过工作曲线来建立被测物质的含量和某物理量的线性关系来求得测定结果的。如果采用自己配制的标准溶液制作工作曲线，由于各实验室使用的试剂纯度、称量和容量仪器的可靠性、操作者技术熟练程度等的不同，影响测定结果的可比性。而采用标准物质做工作曲线，使分析结果建立在一个共同的基础上，使数据更为可靠。

② 给物料定值。在测量仪器、测量条件都正常的情况下，用与被测试样基体和含量接近的标准物质与试样交替进行测定，可以比较准确地测出被测试样的结果。

（4）提高试验室间的测定精密度 在多个试验室进行合作试验时，由于各试验室条件不同，合作试验的数据往往发散性较大。比如，各试验室的工作曲线的截距和斜率的数值不同。如果采用同一标准物质，用标准物质的保证值和实际测定值求得该试验室的修正值，以此校正各自的数据，可提高试验室间测定结果的再现性。

（5）用于分析化学的质量保证 分析质量保证负责人可以用标准物质考核、评价分析者和实验室的工作质量，制作质量控制图，使检测工作的测量结果处于质量控制中。

（6）用于制定标准方法、产品质量监督检验和技术仲裁 在拟定测试方法时，需要对各种方法作比较试验。采用标准物质可以评价方法的优劣。在制定标准方法和产品标准时，为了求得可靠的数据，常常使用标准物质作为工作标准。

产品质量监督检验机构为确保其出具数据的公正性与权威性，采用标准物质评价其测定结果的准确度，对其检验能力进行监视。

在商品质量检验、分析仪器质量评定、污染源分析等工作中，当发生争议时，需要用标准物质作为仲裁的依据。

（三）试料层体积的测定

比表面积圆筒试料层的体积测定方法，通常也称为水银排代法。步骤如下。

① 测试前的准备工作：备好两片与圆筒内径相同的滤纸以及适量水银。

② 在圆筒中穿孔板上放上两片滤纸，然后在圆筒中注满水银，用薄玻璃板使水银面与圆筒口平齐。

③ 倒出水银称量，精确至 0.05g，重复几次测定，使数值不变为止。

④ 从圆筒中取出一片滤纸，在圆筒中加入适量水泥试样（3～4g），再把取出的一片滤纸盖在上面，用捣器压实试料层，压到规定厚度即支持环与圆筒边接触，再把水银装满圆筒压平，同样倒出水银称量，重复几次测定，至水银重量不变为止。

⑤ 计算：圆筒中试料层体积 V 按下式计算。

$$V = (P_1 - P_2) / \rho_{水银}$$

式中　P_1——未装试料时充满圆筒的水银质量，g；

　　　P_2——装试料后，充满圆筒的水银质量，g；

　　$\rho_{水银}$——在试验温度下水银密度，g/cm³（表 1-2-1）。

* 摘自：中国建筑材料检验认证中心，国家水泥质量监督检验中心编著. 水泥实验室工作手册. 北京：中国建材工业出版社，2009.

第三节　水泥标准稠度用水量

一、水泥标准稠度用水量的基本知识

（一）水泥的需水性

使水泥净浆、砂浆或混凝土达到一定的可塑性和流动性时所要求的拌合水量通称为水泥的需水性。

在拌制水泥净浆、水泥砂浆和水泥混凝土时，都必须加入一定量的拌合水。加入的水有两方面的作用：一是与水泥颗粒起水化反应（参见本节"阅读与了解"），使水泥净浆、砂浆和混凝土凝结硬化，产生强度；二是使水泥净浆、砂浆和混凝土具有一定的可塑性和流动性，便于试验成型和施工操作。

实践证明，水泥颗粒完全水化理论上所需的水量比较少，为水泥质量的 20%～23%。而在实际工作中，为了使水泥净浆、砂浆或混凝土达到一定的可塑性和流动性所加的拌合水量就比较多。例如，水泥的净浆标准稠度用水量一般为 22%～32%，水泥胶砂成型用水量 50%，一般塑性混凝土的拌合水量为 50%～60%（以上均指水量占水泥的质量百分数）。这些加水量对水泥颗粒水化来讲是多余的，大量的剩余水分终将蒸发和散失掉，在净浆、砂浆及混凝土中留下无数的细微孔隙，导致材料的密实度下降，降低了材料的强度性能；而且水分蒸发，引起体积收缩（非均匀性收缩），使构筑物产生干缩裂缝，降低材料的强度，同时造成构筑物使用的耐久性能下降。在其他条件相同的情况下，水泥的需水性越小，水泥的质量越好。

（二）水泥的需水性的表示方法

水泥在实际使用中一般有三种应用形态，即水泥净浆、砂浆和混凝土。不同的应用形态下需水性的表示方法有所不同：

① 水泥净浆的需水性用水泥净浆标准稠度用水量表示；

② 水泥砂浆的需水性通常水泥胶砂流动度或沉入度表示；

③ 混凝土的需水性通常用坍落度或维勃稠度表示。

一般来讲，水泥净浆的需水性与水泥混凝土的需水性有较好的相关性，而水泥净浆与水泥砂浆的需水性当掺有粉煤灰时相关性较差。

（三）水泥标准稠度用水量

1. 水泥标准稠度

一种人为规定的水泥净浆的塑性或稠度状态。在我国现行的国家标准中有两种规定方法。

（1）标准法（试杆法）的规定　以维卡仪的试杆沉入水泥净浆到距底板 6mm±1mm 的净浆的稠度为标准稠度。

（2）代用法（试锥法）的规定　以维卡仪的试锥在净浆中下沉深度为 30mm±1mm 时的稠度为标准稠度。

2. 水泥标准稠度用水量

水泥净浆达到上述规定的标准稠度时加水量占水泥质量的百分数（%）。

3. 规定水泥标准稠度的意义

使水泥的凝结时间、体积安定性的测定结果具有可比性。

4. 常用水泥标准稠度用水量的一般范围

P·Ⅰ或P·Ⅱ	P·O	P·S	P·C	P·F	P·P
22%～26%	24%～28%	25%～29%	25%～31%	26%～32%	28%～32%

5. 影响水泥净浆需水性的因素

影响水泥净浆需水性的主要因素有熟料的成分、水泥的细度、水泥中混合材料的种类与掺入量。

在熟料矿物中，铝酸三钙（C_3A）的需水性最大，硅酸二钙（C_2S）的需水性最小。另外，熟料中游离氧化钙与碱含量偏高也会使水泥的需水性增大。水泥粉磨细度越细，水泥的需水性也越大。在允许使用的混合材料中，火山灰质材料本身的需水性就很大，掺入水泥后会使水泥的需水性显著增加，掺入的量越多，水泥的需水性就越大。

二、水泥标准稠度用水量的测定方法（GB/T 1346—2011）

（一）测定原理

水泥标准稠度净浆对标准试杆（或试锥）的沉入具有一定阻力，通过试验不同含水量水泥净浆的穿透性，以确定水泥标准稠度净浆中所需加入的水量。

（二）仪器设备

① 水泥净浆搅拌机（图 1-3-1）；

② 标准法维卡仪、试杆与圆模（图 1-3-2）；

③ 代用法维卡仪、试锥与锥模（图 1-3-3）；

④ 量水器、玻璃板、称量天平。

（三）测定方法的种类与简介

1. 标准法（试杆法）

500g 水泥和一定量的水（自己确定）按一定程序在净浆搅拌机内混合搅拌成净浆后，按一定的要求装入试模内。让试杆在水泥浆中自由下沉，当试杆沉入净浆并距底板 6mm±1mm 时，为达到标准稠度，此时的拌合水的质量占水泥质量的百分数即为标准稠度用水量 P（%）：

$$P(\%) = \frac{加水量}{500} \times 100\%$$

如试杆沉入净浆距底板的距离不在 6mm±1mm 范围内，需另称试样，并调整加水量，

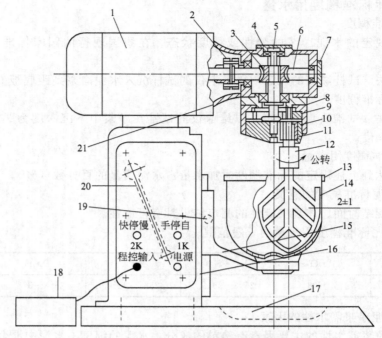

图 1-3-1　NJ-160A 型水泥净浆搅拌机结构示意图

1—双速电动机；2—联接法兰；3—蜗轮；4—轴承盖；5，6—蜗轮轴；7—轴承盖；8—内齿圈；9—行星齿轮；
10—行星定位套；11—叶片轴；12—调节螺母；13—搅拌锅；14—叶片；15—滑板；16—立柱；
17—底座；18—时间控制器；19—定位螺钉（背面）；20—手柄（背面）；21—减速箱

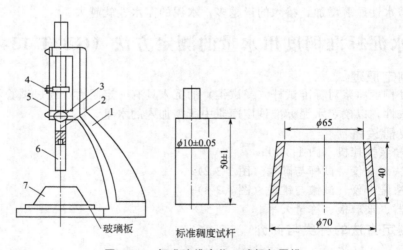

图 1-3-2　标准法维卡仪、试杆与圆模

1—铁座；2—滑动杆；3—松紧螺钉；4—指针；5—标尺；6—试杆；7—圆模

重新试验，达到为止。

2. 代用法（试锥法）

有两种，可任选一种。

（1）调整水量法　500g 水泥和一定量的水（自己确定）按一定程序在净浆搅拌机内混合搅拌成净浆后，按一定的要求装入试模内，让试锥在净浆中自由下沉，当下沉深度为

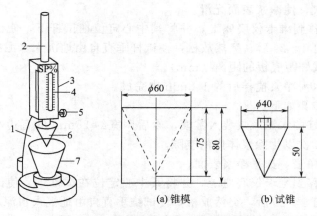

图 1-3-3　代用法维卡仪、锥模和试锥
1—铁座；2—滑动杆；3—标尺；4—指针；5—松紧螺钉；6—试锥；7—锥模

$30mm \pm 1mm$ 时，为达到标准稠度，此时的拌合水的质量占水泥质量的百分数即为标准稠度用水量 P（％）：

$$P（％）= \frac{加水量}{500} \times 100％$$

如试锥在净浆中下沉的距离不在 $30mm \pm 1mm$ 范围内，须重新试验，直到符合要求为止。

（2）固定水量法　在 500g 水泥中加入 142.5mL 水，按一定程序在净浆搅拌机内混合搅拌成净浆后，按一定的要求装入试模内，让试锥在净浆中下沉，根据试锥下沉的深度 S（mm），按下式计算水泥的标准稠度用水量 P（％）：

$$P（％）= 33.4 - 0.185S$$

或由维卡仪的标尺上直接读出 P（％）。但若 $S < 13mm$，须改用调整水量法。

（四）测定步骤

1. 标准法和调整水量法

（1）准备工作

① 试样应充分拌匀并过 0.90mm 的方孔筛，检查水泥试样、拌合水的温度。

② 维卡仪金属棒滑动灵活自如，调整好指针位置。

③ 净浆搅拌机试运行正常。

（2）净浆的制作

① 用湿布擦拭搅拌锅及叶片。

② 根据经验确定加水量，先将量好的水倒入锅中，然后在 $5 \sim 10s$ 内将称好的 500g 水泥小心倒入锅中，防止水和水泥溅出。

③ 立即将盛有水与水泥的搅拌锅卡放在搅拌机的底座上，并升至搅拌位置，启动搅拌机，低速搅拌 120s，停 15s，同时将叶片和搅拌锅内壁上的水泥浆刮入锅中间，接着高速搅拌 120s，停机。

（3）测试　可按标准法和调整水量法来分别测试。

标准法的步骤如下。

① 立即将拌制好的水泥净浆一次性装入试模，然后用宽约 25mm 的直边小刀轻轻拍打超出试模部分的浆体 5 次，以排除浆体内的空隙。

② 然后在试模表面 1/3 处，略倾斜于试模分别向外用小刀轻轻锯掉多余净浆，再从试

模边沿轻抹顶部一次，使净浆表面光滑。

③ 迅速将试模移到维卡仪底座上，并将其中心定位在试杆下，使试杆与模内水泥浆体表面接触，拧紧螺钉 1～2s 后，突然放松，使试杆垂直自由地沉入水泥净浆中。在试杆沉入或释放 30s 时记录试杆距底板的距离（mm）。

整个操作应在水泥净浆搅拌后的 1.5min 内完成。

调整水量法的步骤如下。

① 立即将拌制好的水泥净浆装入锥模，然后用宽约 25mm 的直边小刀在浆体表面轻轻插捣 5 次，再轻振 5 次以排除浆体内的空隙。

② 刮去多余的净浆，抹平净浆表面。

③ 迅速将试模移到维卡仪底座上，并将其中心定位在试锥下，使试锥与模内水泥浆体表面接触，拧紧螺钉 1～2s 后，突然放松，使试锥垂直自由地沉入水泥净浆中。在试锥沉入或释放 30s 时记录试锥下沉的深度（mm）。

整个操作应在水泥净浆搅拌后的 1.5min 内完成。

（4）清洁 测试完毕后，立即将试杆（试锥）及搅拌机叶片上的净浆擦干净，同时用水清洗搅拌锅和试模并擦拭干净。

（5）标准法和调整水量法标准稠度用水量 P（%）的计算 达到标准稠度时的加水量与水泥质量之比（%）。

2. 固定水量法

（1）准备工作

① 试样应充分拌匀并过 0.90mm 的方孔筛。

② 维卡仪金属棒滑动灵活自如，调整好指针位置。

③ 搅拌机试运行正常。

（2）净浆的制作

① 用湿布擦拭搅拌锅及叶片。

② 将量好的 142.5mL 水倒入锅中，然后在 5～10s 内将称好的 500g 水泥小心倒入锅中，防止水和水泥溅出。

③ 立即将盛有水与水泥的搅拌锅卡放在搅拌机的底座上，并升至搅拌位置，启动搅拌机，低速搅拌 120s，停 15s，同时将叶片和搅拌锅内壁上的水泥浆刮入锅中间，接着高速搅拌 120s，停机。

（3）测试

① 立即将拌制好的水泥净浆装入锥模，然后用宽约 25mm 的直边小刀在浆体表面轻轻插捣 5 次，再轻振 5 次以排除浆体内的空隙。

② 刮去多余的净浆，抹平净浆表面。

③ 迅速将试模移到维卡仪底座上，并将其中心定位在试锥下，使试锥与模内水泥浆体表面接触，拧紧螺钉 1～2s 后，突然放松，使试锥垂直自由地沉入水泥净浆中。在试锥沉入或释放 30s 时记录试锥下沉的深度（mm）。

整个操作应在水泥净浆搅拌后的 1.5min 内完成。

（4）清洁 测试完毕后，立即将试锥及搅拌机叶片上的净浆擦干净，同时用水清洗搅拌锅和试模并擦拭干净。

（5）计算 固定水量法标准稠度用水量 P（%）按下式计算：

$$P(\%) = 33.4 - 0.185S$$

式中 S——试锥下沉深度，mm。

三、水泥标准稠度用水量测定的训练与考核

（一）训练的基本要求

1. 检查内容

检查水泥试样、拌合水、维卡仪、称样天平、净浆搅拌机等是否符合使用状况，记录试验室的温度和湿度。

2. 填写试验表格

试验时应严格遵守标准规定的测定步骤，按下列形式如实填写试验原始记录表。

表格编号：_____

检测项目名称：_____　　共　页　第　页

委托编号：_____　样品来源：_____　　样品编号：_____

水泥产地品牌：_____　　　　　　　　　品种等级：_____

水泥出厂编号：_____　　　　　　　　　取样日期：____年____月____日

送检日期：____年____月____日　　　　　　　　检验日期：____年____月____日

检验依据：_____

仪器名称与编号：_____

检测地点：_____　温度：_____　湿度：_____

检测前仪器状况：_____　　　检测后仪器状况：_____

测试序号	1	2	备注
水泥/g			
水/g			（1）水泥温度：
试杆（锥）下沉深度/mm			（2）拌合水温度：
标准稠度用水量 P/%			（3）试验方法：

检验员　　　　　　校核教师　　　　　　　　　　　年　月　日

3. 试验报告

试验报告应包括如下内容：

①测定原理；②试验方法依据的标准；③仪器设备；④试验步骤；⑤试验结果及其计算过程；⑥试验原始记录表；⑦问答。

（1）水泥标准稠度用水量测定的技术要求

① 水泥试样应预先通过_____的方孔筛，称样量_____。

② 标准法（试杆法）对标准稠度的规定_____，代用法（试锥法）对标准稠度的规定_____。

③ 按现行国家标准，水泥标准稠度用水量的测定方法有_____，测试时，从搅拌完毕到读数应在_____内完成。

（2）水泥细度测定仪器设备的身份参数

① 维卡仪：生产厂家_____；仪器型号_____；出厂编号_____；计量最小刻度_____。

② 称样天平：生产厂家_____；类型与感量_____；仪器型号_____；出厂编号_____；称量范围_____。

③ 净浆搅拌机：生产厂家_____；仪器型号_____；出厂编号_____；转速_____。

④ 量水器：最小刻度_____。

（二）操作时应注意的事项

① 试验室的温度应为（20±2）℃，相对湿度不低于 50%，水泥试样、拌合水、仪器用具的温度应与试验室一致。

② 试验所用的水必须是洁净的饮用水，有争议时以蒸馏水为准。

③ 维卡仪的滑动杆表面应光滑，能靠重力自由下落，不得有紧涩和旷动现象。

④ 从搅拌完毕到读数应在 1.5min 内完成。

（三）训练与考核的技术要求和评分标准

训练与考核项目：水泥标准稠度用水量的测定

考核项目：标准稠度用水量的测定　　　　　　　　　　　固定水量法时间要求：8min

（标准法和调整水量法限三次内达到标准稠度）

学生姓名_____，班级_____，学号_____

技术要求	配分	评分细则 括弧内的数字为该项分值，否则取平均分	得分
仪器设备检查	9（分）	①金属棒滑动灵活（3） ②零位调整到位（3） ③搅拌机试运转（3）	
试样准备	24（分）	①试样符合要求（8） ②试样称量方法正确（8） ③加水量符合要求（8）	
操作步骤	42（分）	①准备工作完好充分（6） ②物料加入顺序正确（6） ③净浆清理（6） ④净浆装模方法正确（6） ⑤插捣、振动方法正确（6） ⑥刮平、抹平方法正确（6） ⑦操作时间控制得当（6）	
结果确定	10（分）	读数与计算结果正确（10）	
安全文明操作	15（分）	①及时清理、操作台面整洁（10） ②无安全事故（5）	

实际操作时间（min）：　　　　　　　　　　　　　　超时扣分（3分/min）：

评分：　　　　　　　　　　　　　　　　　　　　　教师（签名）：

（四）讨论与总结

1. 讨论及总结的内容

简述水泥标准稠度用水量测定的原理、仪器设备、测定步骤及其相应的技术要求。

2. 操作应注意的事项

结合操作时应注意的事项，讨论影响水泥标准稠度用水量测定的主要因素及其控制方法。

（1）操作的影响

① 搅拌锅内残留的水：用拧干的湿布擦拭搅拌锅并擦拭搅拌机叶片。

② 搅拌锅、搅拌机、维卡仪使用不固定：每次试验应用同一个搅拌锅、搅拌机、维卡仪，保持仪器使用的一致性。

③ 操作时间过长：从搅拌完毕到读数应在 1.5min 内完成。

（2）仪器设备的影响　国家标准对水泥标准稠度用水量试验所用仪器设备的主要技术要求的规定如下。

① 维卡仪与试杆、试锥的规格要求如下。

a. 滑杆部分的总质量为（300±1）g。

b. 试杆和试锥表面光滑，锥尖应完整无损，锥模内面光滑，锥模角应呈尖状，不能被水泥或杂物堵塞。与之相配的试模由耐腐蚀的、有足够硬度的金属制成。

c. 试杆和试锥由耐腐蚀的、有足够硬度的金属制成，结构尺寸如图 1-3-2 和图 1-3-3 所示。

② 净浆搅拌机的规格要求如下。

a. 转速（r/min）与时间（s）的程序要求如下。

慢速（公转 62±5，自转 140±5；时间 120±3），停（时间 15±1），快速（公转 125±10，自转 285±10；时间 120±3）。

b. 搅拌叶片与锅底、锅壁的工作间隙为 2mm±1mm。自检每月一次。

净浆搅拌机计量检定周期为每年一次。

③ 量水器：最小刻度 0.5mL。

④ 称量天平：最大称量不小于 1000g，分度值不大于 1g。

⑤ 玻璃板或金属底板边长或直径约 100mm，厚度 4～5mm。

四、阅读与了解

硅酸盐水泥的水化

（一）硅酸盐水泥熟料单矿物的水化

1. 硅酸三钙（C_3S）的水化

硅酸三钙在水泥熟料中的含量约为 50%，有时高达 60%，因此它的水化作用、产物、及其所形成的结构对硬化水泥浆体的性能有很重要的影响。

硅酸三钙在常温下的水化反应，大体可用下面的方程式表示：

$$3Ca \cdot SiO_2 + nH_2O === xCaO \cdot Si_2 \cdot yH_2O + (3-x)Ca(OH)_2$$

简写为：$C_3S + nH === C—S—H + (3-x)CH_2$

水化产物为 C—S—H 凝胶及 $Ca(OH)_2$，C—S—H 凝胶有时也被笼统地称为水化硅酸钙，它的组成不确定，与它所处液相的 CaO 浓度有关。在显微镜下有以下两种结构。

① CaO 浓度较低时为薄片状结构，称为 C—S—H（Ⅰ）；

② CaO 浓度较高时为纤维状结构，称为 C—S—H（Ⅱ）。

硅酸三钙的水化速度很快，水化热也很高。

2. 硅酸二钙（C_2S）的水化

β-C_2S 的水化与 C_3S 相似，只是水化速度很慢，水化产物也是 C—S—H 凝胶和 $Ca(OH)_2$。

$$2Ca \cdot SiO_2 + nH_2O === xCaO \cdot Si_2 \cdot yH_2O + (2-x)Ca(OH)_2$$

简写为：$C_3S + nH === C—S—H + (2-x)CH_2$

3. 铝酸三钙（C_3A）的水化

在水泥熟料矿物中，铝酸三钙水化速度最快，水化热最高，它的水化产物称为水化铝酸钙（以 C_3AH_6 为主），需加入石膏（$C_aSO_4 \cdot 2H_2O$）减缓水化速度，否则急凝。

4. 铁铝酸四钙（C_4AF）的水化

水化反应及其产物与 C_3A 很相似，只是水化速度较 C_3A 稍慢，水化热较低，水化产物为水化铁（铝）酸钙。

（二）硅酸盐水泥的水化

硅酸盐水泥是由多种熟料矿物和石膏共同组成，因此当水泥加水后，石膏溶于水，熟料矿物的水化反应是在石膏溶液中发生发展，一系列水化反应交错重叠，情况比较复杂。一般将其水化过程简单地划分为以下三个阶段。

1. 钙矾石形成期

C_3A 率先水化，并与石膏形成钙矾石（AFt）放出大量的热：

$$3CaO \cdot Al_2O_3 + 3(CaSO_4 \cdot 2H_2O) + 26H_2O \Longrightarrow 3CaO \cdot Al_2O_3 \cdot 3CaSO_4 \cdot 32H_2O$$

生成的钙矾石（AFt）覆盖在水泥颗粒表面形成一层薄膜阻碍水分子及离子的扩散，使水泥的水化减慢（石膏缓凝机理）。

2. C_3S 水化期

随着钙矾石缓慢地不断增加，产生的结晶压力达到一定数值，使钙矾石薄膜局部胀裂，水分重新大量进入，水化又开始正常进行。C_3S 迅速水化，生成 C—S—H 凝胶及 $Ca(OH)_2$，并放出大量的热。与此同时，C_2S 及 CaAF 也开始水化。

3. 结构形成和发展期

随着水化产物的增多，C—S—H 及 $Ca(OH)_2$ 开始形成网状结构，并越来越密实，水泥浆体慢慢失去原有的流动性、塑性，开始变硬，产生强度，最终成为硬化的石体结构。

在水化充分的水泥石中，物质组成大致如下：C—S—H 凝胶约 70%，$Ca(OH)_2$，约 20%，钙矾石（AFt）和单硫型水化硫铝酸钙（AFm）约 7%，未水化的残留熟料和其他微量组分约 3%。

（三）影响水泥水化速度的因素

1. 熟料的矿物组成

水泥的水化速度很大程度上取决于所用熟料的矿物组成。水泥四种主要熟料矿物的水化速度有较明显的差异，由于 C_3A 矿物在晶体结构上晶格存有很大的空隙，从而使其在水化过程中能与水发生剧烈的水化作用。另外，C_3S 在结构中也存有晶腔结构，并且分子结构也是不稳定的，有一个特别易于析出的 CaO，所以其水化速度较快。通常认为各熟料矿物的水化速度顺序为：$C_3A > C_3S > C_4AF > C_2S$。表 1-3-1 中的一组试验数据说明了这一点。

表 1-3-1　水泥熟料各单矿物水化进程　　　　　　　　　　　　　　　　单位:%

时间	C_3S	C_2S	C_3A	C_4AF
3 天	33.2	6.7	78.1	64.3
28 天	65.5	10.3	79.7	68.8
3 月	92.2	27.0	88.3	86.5
6 月	93.1	27.4	90.8	89.4

一般情况下，当水泥中 C_3A 矿物含量高时，水泥的水化速度较快；水泥中 C_3S 矿物含量高时，水泥的水化速度正常；而水泥中 C_2S 矿物含量高时，水泥的水化速度缓慢。

2. 水灰比

水灰比大，则水泥颗粒在水中能高度分散，水与水泥的接触面积大，因此水化速度也越快。

3. 细度

水泥颗粒越细小，与水的接触面积越大，水化也越快。

4. 环境养护温度

水泥水化反应也遵循一般化学反应的规律，温度升高，水化加速。

5. 水泥生产方法

熟料生产方法和烧成过程，如窑型、烧成温度、煅烧制度和冷却速度不同，都会影响熟料的矿物组成和结构；采用不同的水泥粉磨系统，也会使所制水泥的颗粒形状、尺寸和粒度组成不同。

6. 外加剂

对水泥水化反应速度有明显影响的外加剂有促凝剂和缓凝剂。绝大多数无机电解质对水泥的水化有促进作用，如 $CaCl_2$、NaCl；大多数有机外加剂对水泥水化有延缓作用。当然，石膏也是很好的缓凝剂，而三乙醇胺是很好的促凝剂。

第四节　水泥的凝结时间

一、水泥凝结时间的基本知识

水泥加水拌合后发生的剧烈水化反应，一方面使水泥浆中起润滑作用的自由水分逐渐减少；另一方面，由于结晶和析出的水化产物不断增多，水泥颗粒表面的新生成物厚度慢慢增大，使水泥颗粒间的间距逐渐减小，越来越多的颗粒相互连接形成网状结构。从此以后，水泥浆便开始慢慢失去可塑性，并最终完全失去塑性，逐渐变硬并开始产生强度，表现为水泥的凝结。完成这个过程所需的时间称为凝结时间。

（一）水泥的凝结状态

水泥的凝结过程被人为地划分为初凝和终凝两种凝结状态，以表示凝结过程进展的程度。

1. 初凝

水泥浆体开始失去塑性的状态称为初凝。

2. 终凝

水泥浆体完全失去塑性，并开始变硬产生强度的状态称为终凝。

3. 初凝和终凝的具体规定

国际上大多采用维卡仪来确定水泥的初凝和终凝，并有各自的标准。我国现行的国家标准也是用维卡仪来确定水泥的初凝和终凝，水泥浆体是标准稠度的净浆。对初凝和终凝的具体规定是：

① 当初凝试针沉入水泥净浆中距底板 4mm±1mm 时为初凝；

② 当终凝试针在净浆中下沉 0.5mm 时为终凝。

（二）水泥的凝结时间

1. 初凝时间

初凝时间是指从水泥加水拌合起到水泥净浆到达初凝所需的时间。

2. 终凝时间

终凝时间是指从水泥加水拌合起到水泥净浆到达终凝所需的时间。

3. 我国现行国家标准对通用水泥凝结时间的规定

① 硅酸盐水泥初凝时间不小于 45min，终凝时间不大于 390min。

② 其他通用水泥初凝时间不小于 45min，终凝时间不大于 600min。

4. 水泥凝结时间的试验条件

水泥凝结时间受周围介质的温度和湿度的影响。因此，凝结时间的测定都必须在特定的条件下进行，我国标准规定的试验条件是：

① 试验室的温度为 （20±2）℃，相对湿度不低于 50%；

② 养护箱的温度为 （20±1）℃，相对湿度不低于 90%；

③ 水泥试样、拌合水、仪器和用具的温度应与试验室一致。

5. 规定凝结时间的意义

规定水泥的凝结时间，在实际施工中有重要意义。初凝时间不宜过短是为了有足够的时间对水泥混凝土进行搅拌、运输、浇注和振捣；终凝时间不宜过长是为了使混凝土尽快硬化，产生强度，以便尽快拆去模板，提高模板的周转率，加快工程进度。

因此，我国标准规定凝结时间不符合标准要求的水泥为不合格品。

6. 影响水泥凝结时间的因素

水泥的凝结时间与熟料的矿物成分、水泥的细度、石膏的品种及掺入量有关，实际使用时，受到拌合用水量和周围环境的温度和湿度的影响。此外，许多有机和无机物质对水泥的凝结时间也有影响，如选用合适的外加剂可调节其凝结时间。

（三）水泥的不正常凝结现象

1. 快凝

水泥加水后，浆体很快凝结成为一种粗糙的、和易性差的混合物，并在大量放热的情况下很快凝固（又称为瞬凝或急凝）。这种水泥用于砂浆和混凝土使施工发生困难，并显著地降低砂浆和混凝土的强度。

2. 假凝

水泥与水混合后几分钟内就发生凝固，且没有明显的温度上升现象（又称为黏凝）。但无需另外加水，再把已凝固的水泥浆重新搅拌便可恢复塑性，仍可施工浇注，并以通常的形式凝结，对强度影响不大。

3. 造成水泥假凝和快凝的原因

水泥的假凝和快凝，一般是由下列原因造成的。

① 石膏与熟料共同粉磨时，由于水泥磨内温度过高引起部分二水石膏（$CaSO_4 \cdot 2H_2O$）脱水生成半水石膏（$CaSO_4 \cdot 1/2H_2O$）或可溶性的无水石膏（$CaSO_4$）。水泥和水后，半水石膏和可溶性的无水石膏比 C_3A 能更快地溶解，形成硫酸钙过饱和溶液同时转化为二水石膏结晶析出，带来假凝现象。

② 假凝现象与水泥中存在的碱类有关。碱的碳酸盐能与从 C_3S 水解而生成的 $Ca(OH)_2$ 反应，沉淀出 $CaCO_3$，而这种具有促凝剂作用的碳酸盐的生成能使水泥很快凝结。

③ 快凝主要是熟料中 C_3A 含量过高，水泥中未加石膏或者掺加的石膏中 SO_3 过低而引起的。此外，慢冷熟料或过烧熟料由于 C_3A 矿物大量结晶析出，易于水化，以及熟料中碱含量过高、熟料生烧或游离氧化钙过高等，有时也可引起水泥快凝。

4. 影响水泥凝结时间不正常的因素

① 熟料中铝酸三钙和碱含量过高时，石膏的掺入量又没有随之变化，可引起水泥的凝结时间不正常。

② 石膏的掺入量不足，或掺加不均匀，会导致水泥中的 SO_3 分布不均匀，使局部水泥凝结时间不正常。

③ 水泥磨内温度波动较大。当磨内温度过高时，可引起二水石膏脱水，生成半水石膏，导致水泥假凝。

④ 熟料中生烧料较多。生烧料中含有较多的 f-CaO，这种熟料水化时速度较快，且放热量和吸水量较大，易引起水泥凝结时间不正常。

二、水泥凝结时间的测定方法（GB/T 1346—2011）

（一）测定原理

凝结以试针沉入水泥标准稠度净浆至一定深度所需的时间表示。

（二）仪器设备

①维卡仪、试模与试针（图 1-4-1）；②湿气养护箱。

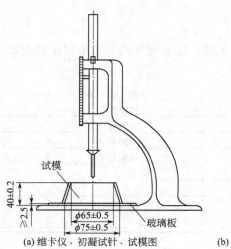

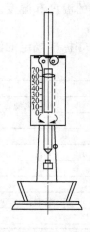

(a) 维卡仪、初凝试针、试模图　　　(b) 维卡仪、终凝试针、反转试模图

图 1-4-1　维卡仪、试模与试针

（三）测定步骤

1. 测定前的准备工作

① 维卡仪金属棒滑动灵活自如，调整好试针位置，同时校对好指针的零位。

② 检查水泥试样、拌合水的温度。

③ 按规定方法制备水泥标准稠度净浆。记录水泥与水拌合的时间 $t_混$。

2. 装模和刮平

将制备好的标准稠度净浆按"标准法"的方法装模和刮平，并立即放入湿气养护箱中。

3. 初凝时间的测定

① 试件养护至水泥加水后的 30min 时，进行第一次落针测试。

② 测定时，从养护箱取出圆模放到试针下，使试针与净浆面接触，拧紧螺丝，然后突然放松，让试针自由垂直沉入净浆，观察指针读数。

③ 临近初凝时每隔 5min（或更短时间）测定一次，当试针沉至距底板 4mm±1mm 时达到初凝，记录时间 $t_初$。

④ 初凝时间 $T_{初凝}$。

从水泥与水拌合起至初凝状态的时间即 $T_{初凝} = t_初 - t_混$，以 min 表示。

4. 终凝时间的测定

① 净浆达到初凝后，立即将试模翻转 180°，再次放入养护箱中。

② 换上终凝试针，并在适当的时间进行测试。

③ 临近终凝时每隔 15min（或更短时间）测定一次，当试针沉入试件 0.5mm，即环形附件开始不能在试件上留下痕迹时为终凝。记录时间 $t_终$。

④ 终凝时间 $T_{终凝}$。

从水泥与水拌合起至终凝状态的时间即 $T_{终凝} = t_终 - t_混$，以 min 表示。

三、水泥凝结时间测定的训练与考核

（一）训练的基本要求

1. 检查内容

检查水泥试样、拌合水、维卡仪及试针、称样天平、净浆搅拌机、养护箱等是否符合使用状况，记录试验室的温度和湿度。

2. 填写试验表格

试验时应严格遵守标准规定的测定步骤，按下列形式如实填写试验原始记录表。

表格编号：＿＿＿＿＿＿＿＿＿＿＿＿＿＿＿＿＿

检测项目名称：＿＿＿＿＿＿＿＿＿＿＿＿＿＿＿＿＿＿＿＿＿＿＿＿＿ 共 页 第 页

委托编号：＿＿＿＿＿＿＿＿＿ 样品来源：＿＿＿＿＿＿ 样品编号：＿＿＿＿＿＿＿＿＿＿

水泥产地品牌：＿＿＿＿＿＿＿＿＿＿＿＿＿＿＿ 品种等级：＿＿＿＿＿＿＿＿＿＿

水泥出厂编号：＿＿＿＿＿＿＿＿＿＿＿＿＿＿＿ 取样日期：＿＿＿年＿＿＿月＿＿＿日

送检日期：＿＿＿年＿＿＿月＿＿＿日 检验日期：＿＿＿年＿＿＿月＿＿＿日

检验依据：＿＿＿＿＿＿＿＿＿＿＿＿＿＿＿＿＿＿＿＿＿＿＿＿＿＿＿＿

仪器名称与编号：＿＿＿＿＿＿＿＿＿＿＿＿＿＿＿＿＿＿＿＿＿＿＿＿＿＿＿

检测地点：＿＿＿＿＿＿＿＿ 温度：＿＿＿＿＿ 湿度：＿＿＿＿＿

检测前仪器状况：＿＿＿＿＿＿＿＿＿＿＿＿＿＿ 检测后仪器状况：＿＿＿＿＿＿＿＿＿＿＿＿

水泥用量			加水量		
加水时间	月 日 时 分		水泥温度 ℃		水温 ℃
养护箱	温度 ℃		相对湿度		

凝 结 时 间 测 定 记 录

测试时间	针离底板高/mm 针入度/mm	评判	测试时间	针离底板高/mm 针入度/mm	评判
时 分			时 分		
时 分			时 分		
时 分			时 分		
时 分			时 分		
时 分			时 分		
时 分			时 分		
时 分			时 分		
时 分			时 分		
结 果	初凝： 时 分		结 果	终凝： 时 分	
备 注					

检验员 校核教师 年 月 日

3. 试验报告

试验报告应包括如下内容：

①测定原理；②试验方法依据的标准；③仪器设备；④试验步骤；⑤试验结果；⑥试验原始记录表；⑦问答。

（1）水泥凝结时间测定的技术要求

① 测水泥凝结时间的浆体应是＿＿＿＿＿＿＿＿＿＿＿＿＿＿＿＿＿＿＿＿。

② 标准关于水泥初凝状态的规定是＿＿＿＿＿＿＿＿＿＿＿＿，关于水泥终凝状态的规定是＿＿＿＿＿＿＿＿＿＿＿。

③ 标准关于水泥初凝时间的规定是＿＿＿＿＿＿＿＿＿＿＿＿，关于水泥终凝时间的规定是＿＿＿＿＿＿＿＿＿＿＿。

④ 标准对养护箱的温湿度的要求是＿＿＿＿＿＿＿＿＿＿＿＿＿＿＿＿＿。

⑤ 凝结时间的测试规律是临近初凝时每隔_____测试一次，临近终凝时每隔_____测试一次。

（2）水泥凝结时间测定仪器设备的身份参数

① 维卡仪：生产厂家_____；仪器型号_____；出厂编号与日期_____；计量最小刻度_____。

② 养护箱：生产厂家_____；类型_____；仪器型号_____；出厂编号与日期_____。

③ 净浆搅拌机：生产厂家_____；仪器型号_____；出厂编号与日期_____；转速_____。

（二）操作时应注意的事项

① 试验室的温度应为（20±2）℃，相对湿度不低于50%；养护箱的温度为（20±1）℃，相对湿度不低于90%；水泥式样、拌合水、仪器用具的温度应与试验室一致。

② 试验所用的水必须是洁净的饮用水，有争议时以蒸馏水为准。

③ 维卡仪的滑动杆表面应光滑，能靠重力自由下落，不得有紧涩和旷动现象。

④ 最初测定时应轻轻扶持金属棒，使其徐徐下降，以防试针撞弯，但初凝时间仍必须以自由降落测得的结果为准。测试中试针沉入的位置距试模内壁至少10mm。

⑤ 临近初凝时，每隔5min（或更短时间）测试一次；临近终凝时，每隔15min（或更短时间）测试一次，每次测试不得让试针落入原孔内。到达初凝时，应立即重复测一次，当两次结论相同时，才能定为到达初凝状态；到达终凝时，需要在试体另外两个不同点测试，结论相同才能确定到达终凝状态。

⑥ 每次测定完毕，须将圆模放回养护箱，并将试针擦净。

⑦ 测定过程中，圆模应不受振动。

（三）训练与考核的技术要求和评分标准

操作训练与考核项目：水泥凝结时间的测定

学生姓名_____，班级_____，学号_____

技术要求	配分	评分细则 括弧内的数字为该项分值，否则取平均分	得分
仪器设备检查	8（分）	①金属棒滑动灵活（4） ②试针零位调整到位（4）	
试样准备	12（分）	①试样符合要求（2） ②试样称量方法正确（2） ③加水量符合要求（8）	
操作步骤	50（分）	①准备工作完好充分（5） ②物料加入顺序正确（5） ③记录拌合时间（5） ④净浆成型方法正确（5） ⑤第一次测试时间符合要求（5） ⑥临近初凝时的测试间隔符合规定（5） ⑦临近终凝时的测试间隔符合规定（5） ⑧试针沉入的位置符合要求（5） ⑨达到初凝后立即翻转试模180°（5） ⑩测定过程中圆模不受振动（5）	
结果确定	16（分）	①初凝读数与结果判断正确（8） ②终凝结果判断正确（8）	

续表

技术要求	配分	评分细则 括弧内的数字为该项分值，否则取平均分	得分
安全文明操作	14（分）	①及时擦净试针（8） ②操作台面整洁（2） ③无安全事故（4）	

评分：　　　　　　　　　　　　　教师（签名）：

（四）讨论与总结

1. 讨论及总结的内容

简述水泥凝结时间测定的原理、仪器设备、测定步骤及其相应的技术要求。

2. 操作应注意的事项

结合操作时应注意的事项，讨论影响水泥凝结时间测定的主要因素及其控制方法。

（1）操作的影响

① 搅拌锅内残留的水：用拧干的湿布擦拭搅拌锅并擦拭搅拌机叶片。

② 测定过程中圆模受到振动：移动圆模要轻拿慢放。

③ 测试次数过多：积累经验。

④ 错过初凝或终凝：把握凝结时间的测试规律。具体规律为：临近初凝时，每隔 5min（或更短时间）测试一次；临近终凝时，每隔 15min（或更短时间）测试一次。

（2）仪器设备的影响　国家标准对水泥凝结时间试验所用仪器设备的主要技术要求的规定如下。

① 维卡仪与试针的技术要求如下。

a. 滑杆部分的总质量为（300±1）g。

b. 钢制试针表面光滑挺直，终凝试针排气孔不被水泥或杂物堵塞。

c. 初凝和终凝试针的结构尺寸如图 1-4-2 所示。

② 养护箱的温度控制（20±1）℃，相对湿度控制不低于 90%。

③ 净浆搅拌机、量水器、称量天平同水泥标准稠度用水量的测定要求。

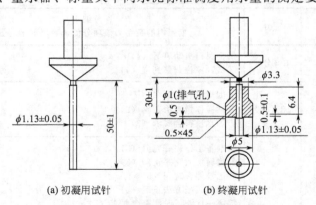

(a) 初凝用试针　　　(b) 终凝用试针

图 1-4-2　初凝试针、终凝试针结构尺寸

四、阅读与了解

水泥凝结硬化微观结构的发展过程[*]

英国泰勒（Taylor）教授认真仔细地对比了各国学者的研究结果，在第八届水泥化学会议上比较清楚地描述了水泥水化时显微结构的发展过程。

1. 早期

水泥颗粒具有一定的颗粒组成，工业水泥大部分颗粒在 $5\sim50\mu m$，小于 $5\mu m$ 的颗粒约占 15%，大于 $50\mu m$ 的约占 10%。大部分水泥颗粒中含有多种矿物质。在不含表面活性剂的水中，水泥颗粒絮凝在一起［图 1-4-3（a）］。水泥加水数分钟时，在颗粒表面首先形成无定型凝胶膜［图 1-4-3（b）］，凝胶膜含有较多的 Al^{3+} 和 Si^{2-}，还有 Ca^{2+} 和 SO_4^{2-}。在胶膜表面和离水泥颗粒一定距离的地方出现短而粗的 AFt 微晶，说明晶核既可在胶膜上，也可在溶液中产生。水化 1h 后，AFt 晶体尺寸达 $250nm\times100nm$。水泥颗粒表面和液相中水化产物的形成使水泥浆黏度增加，浆体中的水逐渐失去流动性。AFt 相的形成可能影响水泥混凝土的凝结时间和工作性。在诱导期终止后，C—S—H 大量形成，浆体发生初凝。

2. 中期

中期的特征为 C—S—H 和 CH 快速形成［图 1-4-3（c）］。中期结束时约有 30% 的水泥参加了反应。

C—S—H 的形成有两种机理。第一种 C—S—H 形成的机理是：由水化产物膜向外生长。在电子显微镜中观察到纤维状 C—S—H 从水泥颗粒表面长出，还看到蜂窝状、网络状 C—S—H，可能是由箔状 C—S—H 脱水而得。各水泥颗粒水化行为有明显差别，主要取决于它们的尺寸、相组成和内部微结构。粒径小于 $3\mu m$ 的水泥颗粒在加速期结束前几乎完全水化，并黏附在较大水泥颗粒的产物层上，这就是显微镜下看到的花瓣状 C—S—H。向外生长的 C—S—H 和在水泥颗粒表面形成的 AFt 针状晶体的网架相互交织在一起，形成水化产物壳。水泥终凝时间与水泥颗粒周围形成的覆盖层相应，水化产物层不断增厚并互相连接，水泥浆孔体积减小，强度发展。产物壳间的黏聚力相当强，有时断裂发生在产物壳本身，而不是在它

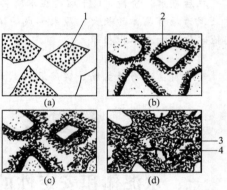

图 1-4-3 水泥凝结硬化过程示意图
1—未水化水泥颗粒；2—C—S—H 凝胶；3—氢氧化钙和 AFt 晶体；4—毛细管孔隙

们之间。第二种 C—S—H 形成机理是：在产物层内部生长。由于水化产物层是渗透性的，水不断渗入继续和 C_3S 及 C_3A 进行反应，使未水化颗粒和产物壳间出现 $0.5\mu m$ 左右的间隙，其中充满浓度梯度很大的溶液。第二种机理和第一种机理一样，都说明 C—S—H 是通过溶液形成的。在中期水化结束之前，C—S—H 沉积在产物壳内表面，开始填充产物壳与无水核间的空隙。

在水泥浆断裂面能观察到未水化核与产物壳的分离现象。部分或全空的产物壳称为 Hadly 粒子，粒度一般为 $3\mu m$，大者超过 $10\mu m$。C_3A 周围形成的粒子较大。空壳只能暂时存在，它们会被水化逐渐填充。

中期水化形成的六方板状 CH 在产物壳间液相中析出，它们对填充产物壳空隙起主要作用。

C_3A、铁相和 SO_4^{2-} 继续反应，在产物壳外表面形成 AFt 晶体。这些晶体通过溶液再结晶不断长大，呈辐射状（图 1-4-4），一般可以看到 $1\sim2\mu m$ 大小的针状晶体。大者达 $10\mu m$，比早期形成的 AFt 晶体大得多。AFt 也在产物壳内侧形成，当壳内液相 SO_4^{2-} 浓度下降后，形成 AFm 晶体。

3. 后期

这一阶段水化速度变得较慢。如图 1-4-3（d）所示，在此阶段内，按三种不同机理继续形成

图 1-4-4 水泥石中的针状 AFt 晶体

C—S—H。按前两种机理形成 C—S—H 的反应早已开始进行。

(1) 由产物壳向外生长 壳层不断致密并增厚，且和外水化物连接。7~14d 水化形成的产物壳厚度为 8~10μm。

(2) 由产物壳向内生长 因为未水化颗粒表面继续溶解水化，使无水颗粒和产物间的间隙增大。水化 4d，间隙厚达 3μm。随后由于 C—S—H 从产物壳向内生长，填充上述空隙。较大水泥颗粒的空隙经 7~14d 被填满消失。粒径小于 15~20μm 的颗粒在间隙还没有完全消失前已经完全水化，留下直径为 5μm 的空洞。这些空洞在浆体断裂面或抛光面上可被电子显微镜看到。上述两种机理是通过溶液的沉淀反应进行的。

(3) 原地或局部化学反应 在未水化水泥颗粒核和产物壳间的间隙被填满后，未水化硅酸盐通过固相迁移继续进行水化反应，未水化核和 C—S—H 间的界面缓慢地向内推进，直至完全水化。由第一种机理形成的产物为外水化产物，由第二种、第三种机理形成的产物为内水化产物。用电子探针和背散射电子像研究 23 年龄期的浆体样品，发现 C—S—H 形成的三个区域，可能与上述三种机理形成的 C—S—H 相应。

在后期水化阶段，CH 继续在水所占有的地方析出。由于可供析晶的空间越来越少，析晶往往表现为原有晶体的长大，原来形成的薄板状 CH 长得大而致密，尺寸达数十微米，而且能包围其他水化产物或水化粒子。

* 摘自：冯乃谦主编．实用混凝土大全．第 1 版．北京：科学出版社，2001.

第五节 水泥体积安定性

一、水泥体积安定性的基本知识

（一）水泥的体积安定性

在水泥凝结硬化过程中，或多或少会发生一些体积变化，引起水泥体积变化的原因多种多样（参见本节"阅读与了解"）。如果这种变化是发生在水泥硬化之前，或者即使发生在硬化以后但很不显著，则对建筑物不会有什么影响；如果在水泥硬化后产生剧烈而不均匀的体积变化，即体积安定性不良，则会使建筑物质量降低，甚至发生崩溃。这种反映水泥硬化后体积变化均匀性的物理性质指标称为水泥的体积安定性，简称水泥安定性。它是水泥质量的重要指标之一。因此，在水泥物理试验中，必须检验水泥的体积安定性。

水泥体积的安定性是由于水泥在长期的正常使用过程中，因水泥石内部某些特定化学过程的发生而产生局部膨胀，从而影响到水泥石结构的安全。

（二）造成水泥体积安定性的原因

危害水泥体积安定性的主要因素是熟料中所含的游离氧化钙、方镁石或掺入过量的石膏而引起的。基本原因是，在水泥硬化后，上述三种物质继续水化，并产生较大的体积膨胀，当膨胀力度超过水泥的强度时，造成水泥石结构破坏。

因此，国家标准规定水泥体积安定性不合格的水泥为不合格品。

① 熟料中的方镁石（MgO）已经过 1450℃ 的高温煅烧，属过烧物质，其化学活性大为减弱。熟料中的 MgO 与水的反应 [$MgO + H_2O =\!\!= Mg(OH)_2$] 速度极慢，完成此过程约 10~20 年，而水化产物 $Mg(OH)_2$ 的体积增大约 1.5 倍，因而产生膨胀，引起安定性问题。

② 熟料中的游离氧化钙（f-CaO）也经过 1450℃ 的高温煅烧，属过烧物质，其化学活性大为减弱。与水的反应：$CaO + H_2O =\!\!= Ca(OH)_2$ 速度变慢，完成此过程约需 3~6 个月，

而水产物 $Ca(OH)_2$ 体积增大约 1 倍，因而产生膨胀，引发安定性问题。（最近的研究表明，这是由于熟料中游离氧化钙与二氧化硅成分共存所致，而主要不是过烧和被其他矿物包裹的结果。）

③ 水泥中的石膏（$CaSO_4 \cdot H_2O$）与 C_3A 发应生成钙巩石（$C_3A \cdot 3CaSO_4 \cdot 32H_2O$）以延缓水泥的凝结。但若石膏掺入量过高，在水泥硬化后，钙巩石继续生成，其体积增加约 1.2 倍，产生膨胀，造成安定性问题。

（三）国家标准对熟料中的游离氧化钙（f-CaO）、方镁石（MgO）及水泥中石膏三种物质的限制

1. 熟料中方镁石（MgO）可能引起的安定性问题

水泥标准通过规定水泥中 MgO 的限量或同时对水泥进行压蒸试验来控制。具体规定如下。

① 硅酸盐水泥和普通硅酸盐水泥 MgO≤5.0%，如果水泥压蒸试验合格，则水泥中氧化镁的含量（质量分数）允许放宽至 6.0%。

② 其他通用水泥（P·S·B 除外）MgO≤6.0%，如果水泥中氧化镁的含量（质量分数）大于 6.0%时，需进行水泥压蒸安定性试验并合格。

③ P·S·B（B 型矿渣硅酸盐水泥）不限制水泥中氧化镁的含量。

水泥压蒸安定性试验是在高温高压下进行的，用 25mm×25mm×280mm 的标准稠度净浆试件在压蒸釜中，经 3h 和（2.0±0.05）MPa 的大气压的压蒸，测量试件长度的膨胀百分率。

硅酸盐水泥的压蒸膨胀百分率超过 0.8%、其他通用水泥超过 0.5%时，则认为该水泥压蒸安定性不合格。

2. 水泥中石膏可能引起的安定性问题

水泥标准通过限制水泥中 SO_3 含量的办法来防止。具体规定如下。

① 硅酸盐水泥和普通硅酸盐水泥 SO_3≤3.5%。

② 矿渣硅酸盐水泥 SO_3≤4.0%。

③ 火山灰质硅酸盐水泥、粉煤灰硅酸盐水泥、复合硅酸盐水泥 SO_3≤3.5%。

3. 熟料中游离氧化钙（f-CaO）可能引起的安定性问题

水泥标准没有对水泥中游离氧化钙的含量作出限制，但要求经沸煮法检验合格。

二、水泥体积安定性的检验方法——沸煮法（GB/T 1346—2011）

沸煮法检验的是 f-CaO 对安定性的影响。

沸煮法原理：在较高温度（100℃）下加速 f-CaO 的水化进程，使水泥中的游离氧化钙在较短的时间内基本完全水化。然后以水化后产生的效果即体积膨胀的程度来判断 f-CaO 对水泥的体积安定性的影响。

沸煮法有试饼法（代用法）和雷氏夹法（标准法）两种，有争议时，以标准法为准。

（一）雷氏夹法（标准法）

1. 雷氏夹法原理

通过测量水泥标准稠度净浆试件沸煮后雷氏夹两指针的相对位移的大小，并以此判断水泥安定性合格与否。

2. 仪器设备

① 雷氏夹（图 1-5-1）及其膨胀测定仪（图 1-5-2）；

② 沸煮箱（图 1-5-3）。

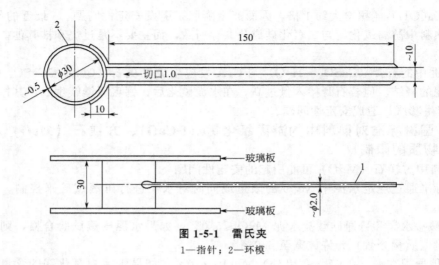

图 1-5-1　雷氏夹

1—指针；2—环模

3. 检验步骤

（1）准备工作

① 按标准方法制备标准稠度的水泥净浆。

② 每个试样应成型两个雷氏夹试件，每个雷氏夹配备两块边长或直径约 100mm、厚 4～5mm 的玻璃板；凡与水泥净浆接触的玻璃板和雷氏夹内表面都要稍稍涂上一层薄机油。

③ 检查雷氏夹的弹性是否符合使用要求，方法如下。

在雷氏夹一根指针的根部先悬挂一根金属丝或尼龙丝，另一根指针的根部再挂上质量 300g 的砝码时，两指针针尖增加的距离应在（17.5±2.5）mm 范围内，即 $2x = (17.5 \pm 2.5)$ mm（图 1-5-4）。

（2）雷氏夹试件的成型与养护　将预先准备好的雷氏夹放在已涂油的玻璃板上，取按标准稠度搅拌好的水泥净浆少许，一次装满雷氏夹，装浆时轻轻扶持雷氏夹，同时用宽约 25mm 的小刀在浆体表面轻轻插捣 3 次，然后抹平盖上玻璃板，立即放入养护箱中养护（24±2）h。

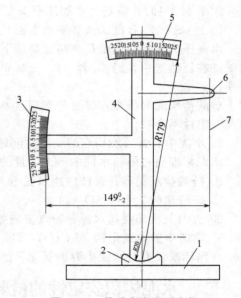

图 1-5-2　雷氏夹膨胀测定仪

1—底座；2—模子座；3—测弹性标尺；4—立柱；
5—测膨胀值标尺；6—悬臂；7—悬丝

（3）雷氏夹试件的沸煮与测量

① 调整好沸煮箱内的水位，保证在整个沸煮过程中水位都超过试件，不需中途添补试验用水。

② 取出雷氏夹试模，放到测量架上，测其雷氏夹两指针尖端间的距离（A），精确到 0.5mm，做好记录。

③ 将雷氏夹试模放到沸煮箱中，指针向上，在（30±5）min 内加热至沸并恒沸（180±5）min。

④ 沸煮结束后，立即放掉沸煮箱内的热水，打开箱盖冷却至室温，取出试件测量沸煮后的雷氏夹试模两指针尖端间的距离（C），精确到 0.5mm，做好记录。

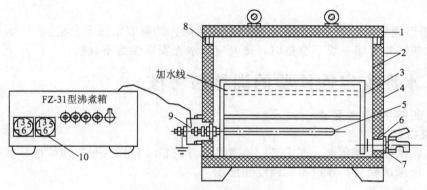

图 1-5-3 沸煮箱构造示意图

1—箱盖；2—内外箱体；3—箱箅；4—保温层；5—管状加热器；6—管接头；
7—铜热水嘴；8—水封槽；9—罩壳；10—电气控制箱

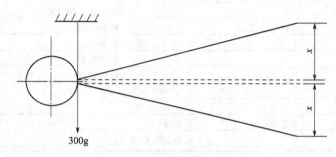

图 1-5-4 雷氏夹受力示意图

4. 雷氏夹法安定性合格与否的判断

当两试件的雷氏夹指针尖端增加的距离即 ($C-A$) 的平均值不大于 5.0mm 时，该水泥安定性合格，当两试件 ($C-A$) 的平均值大于 5.0mm 时，用同一样品立即重做一次。以复检结果为准。

（二）试饼法（代用法）

1. 试饼法原理

通过观察用标准稠度的水泥净浆制作的试饼在沸煮后的外形变化情况，判断水泥体积安定性的合格与否。

2. 试饼的制作

① 准备好两块约 100mm×100mm 的玻璃板，稍稍涂上一层薄机油。在制好的标准稠度水泥净浆中取出一部分，分成两等份，使其呈球形，分别放在涂油的玻璃板上，轻轻振动玻璃板。

② 用湿布擦过的小刀，由边缘向饼的中央抹动，做成直径 70～80mm、中心厚约 10mm、边缘渐薄、表面光滑的试饼。

3. 试饼的养护与沸煮

① 将制作好的试饼放入养护箱内，自成型起，养护（24±2）h。

② 从玻璃板上取下试饼，检查试饼是否完整，在试饼无缺陷的情况下，将试饼置于沸煮箱内水中的箅板上，然后在（30±5）min 内加热至沸并恒沸（180±5）min。

③ 沸煮结束后，立即放掉沸煮箱内的热水，打开箱盖冷却至室温，取出试饼。

4. 试饼法安定性合格与否的判断

① 目测未发现裂缝，用钢尺检查也没有弯曲（试饼与钢尺间不透光）的试饼为安定性

合格。

② 试饼出现龟裂、弯曲、松脆、崩溃等现象时，均属安定性不合格。

当两试饼—块合格—块不合格时，则判定该水泥安定性为不合格。

三、水泥安定性检验的训练与考核

（一）训练的基本要求

1. 检查内容

检查水泥试样、拌合水、雷氏夹、沸煮箱、养护箱、称样天平、净浆搅拌机等是否符合使用状况，记录试验室、养护箱的温度和湿度。

2. 填写试验表格

试验时应严格遵守标准规定的测定步骤，按下列形式如实填写试验原始记录表。

表格编号： _____

检测项目名称： _____ 共 页 第 页

委托编号： _____ 样品来源： _____ 样品编号： _____

水泥产地品牌： _____ 品种等级： _____

水泥出厂编号： _____ 取样日期： ____年____月____日

送检日期： ____年____月____日 检验日期： ____年____月____日

检验依据： _____

仪器名称与编号： _____

检测地点： _____ 温度： _____ 湿度： _____

检测前仪器状况： _____ 检测后仪器状况： _____

养护箱	温度： ℃		相对湿度：		沸煮时间/min：	
检验方法	雷 氏 法				试 饼 法	
序号	沸煮前指针距离 A/mm	沸煮后指针距离 C/mm	膨胀值（C−A）/mm	平均值 /mm	试饼外形状况	
第一块试件					煮前：	煮后：
第二块试件					煮前：	煮后：
结论	□合格 □不合格				□合格 □不合格	

备注： ① 水泥温度_____；

② 拌合水温度_____。

检验员 校核教师 年 月 日

3. 试验报告

试验报告应包括如下内容：

①测定原理；②试验方法依据的标准；③仪器设备；④试验步骤；⑤试验结果；⑥试验原始记录表；⑦问答。

（1）水泥安定性检验的技术要求

① 测水泥安定性的浆体应是_____。

② 安定性试件沸煮前应在养护箱内养护_____h，养护箱控制的温湿度应为_____

_____。

　　③ 沸煮箱的沸煮程序是_____。

　　④ 雷氏夹的弹性要求是_____。

　　（2）水泥安定性检验仪器设备的身份参数

　　① 雷氏夹膨胀测定仪：生产厂家_____；仪器型号_____；出厂编号_____；计量最小刻度_____。

　　② 沸煮箱：生产厂家_____；类型_____；仪器型号_____；出厂编号_____。

（二）操作时应注意的事项

1. 雷氏夹法

　　① 雷氏夹试件成型操作时，用手轻轻下压两根指针的焊点处，以使装浆时试模不产生移动，不能用手捏雷氏夹而造成切边边缘重叠。

　　② 插捣时位置不能集中在一处，应均匀插到各个部位，插捣的力量不能太大，只要能使净浆充满试模并排出气泡即可。一般小刀插到雷氏夹试模高度 2/3 部位。

　　③ 插捣刮平时小刀必须保持洁净。刮平时小刀要稍微倾斜，从浆体中心向两边刮。

　　④ 雷氏夹结构单薄，受力不当易产生变形。所以，装模和脱模时应特别小心。操作时用手轻轻下压两根指针的焊点处，不能用手捏雷氏夹而造成切边边缘重叠，损害雷氏夹的弹性。

　　⑤ 试件脱模后应尽快用棉纱擦去黏附在雷氏夹上的水泥浆，要顺着雷氏夹的圆环高上下擦动。

　　⑥ 新雷氏夹在使用前应检查其弹性，正常使用的雷氏夹每半年检查一次弹性。如果试验中有膨胀值大于 30mm 或有其他损害时，应立即检查弹性，符合要求才可以继续使用。

2. 试饼法

　　① 试饼制作必须规范，试饼应呈球体切片状而不是呈伞形。试饼的大小和厚度都会影响试验结果。

　　② 用钢尺检查试饼弯曲变形时，应多换几个方位进行观察。

　　③ 如图 1-5-5 所示，试饼法可能出现的几种结果：图（a）为合格；图（c）和图（d）为不合格；图（b）的情况比较复杂，必须十分仔细地区分是收缩裂缝还是膨胀裂缝，后者属于安定性不合格。当有无法判断的情况时，以雷氏夹法来确定。

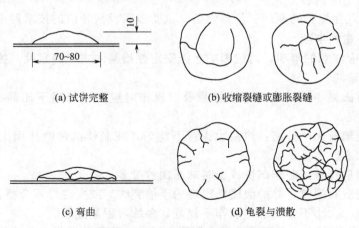

（a）试饼完整　　　　　　　　　（b）收缩裂缝或膨胀裂缝

（c）弯曲　　　　　　　　　　（d）龟裂与溃散

图 1-5-5　试饼法水泥安定性试验结果

3. 用水要求

沸煮箱内必须使用洁净的淡水，应定期清洗箱内水垢。加热前必须添加水至 180mm 高度，水封槽必须盛满水，在沸煮时起密封作用。

（三）训练与考核的技术要求和评分标准

操作训练与考核项目：水泥安定性的检验

学生姓名＿＿＿＿＿＿＿，班级＿＿＿＿＿＿＿，学号＿＿＿＿＿＿＿

技术要求	配分	评分细则 括弧内的数字为该项分值，否则取平均分	得分
仪器设备检查	8（分）	①雷氏夹弹性与切口（4） ②沸煮箱的水位与沸煮程序（4）	
试样准备	12（分）	①试样符合要求（2） ②试样称量方法正确（2） ③加水量符合要求（8）	
操作步骤	50（分）	①准备工作完好充分（5） ②物料加入顺序正确（5） ③涂油合适（5） ④净浆装模、插捣、刮平抹平方法正确（5） ⑤试饼制作规范（5） ⑥养护条件与时间符合要求（5） ⑦煮前测量与观察（5） ⑧沸煮程序符合规定（5） ⑨试件取出操作方法正确（5） ⑩煮后测量与观察（5）	
结果确定	16（分）	①雷氏夹法结果判断正确（8） ②试饼法结果判断正确（8）	
安全文明操作	14（分）	①及时擦净雷氏夹与玻璃板（8） ②操作台面整洁（2） ③无安全事故（4）	

评分：　　　　　　　　　　　　　　教师（签名）：

（四）讨论与总结

1. 讨论及总结的内容

简述水泥安定性检验的原理、仪器设备、试验步骤及其相应的技术要求。

2. 操作应注意的事项

结合操作时应注意的事项，讨论影响水泥安定性检验的主要因素及其控制方法。

（1）操作的影响

① 成型时雷氏夹底漏浆或切边边缘重叠：操作时应用手轻轻下压两根指针的焊点处，不能用手捏雷氏夹。

② 试饼与玻璃板无法分离：涂油太少或不均匀，或制作试饼时抹面次数过多将玻璃板上的机油抹到试饼上。

③ 试饼有起皮现象：制作试饼成型时抹面次数过多。

④ 试饼养护后有裂纹：养护湿度低出现的干缩裂纹，或安定性不合格。

⑤ 试饼外观、大小不合要求：制作不规范，多练习积累经验。

（2）仪器设备的影响　国家标准对水泥安定性试验所用仪器设备的主要技术要求如下。

① 雷氏夹：由铜质材料制成，弹性要求是挂上 300g 质量的砝码时，两指针针尖增加的

距离应在（17.5±2.5）mm 范围内。

② 雷氏夹膨胀测定仪：标尺最小刻度为 0.5mm。

③ 沸煮箱：

a. 最高沸煮温度 100℃；

b. 升温时间（从 20℃升至 100℃）（30±5）min，并保持沸腾状态 3h 以上，期间不需补充水量。

四、阅读与了解

水泥及其制品的体积变化

水泥浆体在硬化过程中会产生体积变化，水泥砂浆和混凝土在使用中也会因各种物理的和化学的原因产生体积变化。这些体积变化涉及水泥混凝土及其制品裂缝的产生和扩展；涉及以水泥为主要胶凝材料建造的工程的使用状况和耐久性能；甚至涉及构筑物的安全问题。因此了解水泥及其制品在各种条件下的体积变化十分必要。

1. 化学收缩

水泥加水会发生水化反应，水化产物的绝对体积小于水化前水泥与水的体积，从而使水泥浆体硬化后产生收缩。这种因水泥水化引起的收缩称为化学收缩，也称为自身收缩。这种化学收缩是不能恢复的，其收缩量随时间而增加，但收缩率很小，一般在 40d 后逐渐趋于稳定。研究表明，化学收缩在限制应力下不会对构件产生破坏作用，甚至能提高材料的密实度。但在非均质材料内这种收缩引起的是非均匀收缩，使混凝土等材料内部因而产生收缩裂缝，从而降低混凝土等材料的强度和耐久性能。

2. 热胀冷缩

水泥及其混凝土与通常的固体材料一样会发生温度变形，即呈现出热胀冷缩现象。一般室温变化影响不是很大，但当温度变化很大时，将产生重要影响。随着温度的剧烈变化，材料内各组分因热膨胀系数不同产生较大的体积变化差，由此引发破坏性的内应力。许多混凝土工程的裂缝和剥落都是因材料较大的热胀冷缩引起。

温度变形对大体积混凝土极为不利。在混凝土硬化初期，水泥水化放出大量的水化热，但因混凝土体积厚大，散热缓慢，致使内外温差较大，造成混凝土表面和内部的热变形不一致，从而产生温差裂缝。各种水利工程的混凝土大坝都因此不可避免地产生这种大小长短不一的温差裂缝。

减少大体积混凝土因温度变形引起开裂的基本方法是使用低水化热的水泥和尽量减少水泥的用量。

3. 湿胀干缩

当水泥及其制品处于干燥或潮湿环境时，会发生完全不同的体积变化即湿胀干缩（图 1-5-6）。当处于干燥环境中时，水泥石中因水分蒸发而引起收缩，称为干燥收缩。其原因主要由于较小的毛细管的凝胶水失去时而引起。当处于潮湿环境中时，水泥石中的凝胶粒子会因被水饱和而分开，从而使砂浆或混凝土产生一定量的膨胀，这种膨胀称为湿胀。过大的干缩会产生干缩裂缝，使由水泥制成的材料如混凝土的强度和耐久性能下降。降低水泥用量和水灰比是减少水泥制成材料干缩的关键。

4. 荷载作用下的变形

（1）短期荷载作用的变形　水泥及其制品是一种无机非均质复合胶凝材料，属弹塑性体。在外力作用下，既会产生可以恢复的弹性变形，又会产生无法恢复的塑性变形。其应力与应变之间的关系不是直线而是曲线。

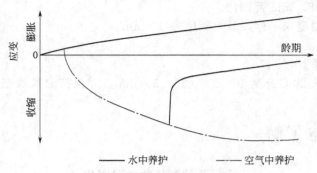

图 1-5-6 混凝土的胀缩

（2）长期荷载作用下的变形 混凝土在长期不变荷载的作用下，沿作用力方向的变形会随着时间而增长。这种变形称为徐变。

混凝土的徐变变形在加荷早期增长较快，然后逐渐减慢，一般要 2~3 年才可趋于稳定。卸载后，混凝土的一部分变形会瞬时恢复，还有一部分变形要在若干天内才逐渐恢复，称为徐变恢复，剩下的不可恢复部分为残余变形，如图 1-5-7 所示。影响混凝土徐变的主要因素是水泥的用量和水灰比的大小。

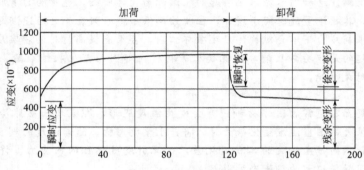

图 1-5-7 混凝土徐变

5. 因化学反应而引起的膨胀

水泥及其制品在使用时某些环境介质会对水泥产生化学作用，引起体积膨胀；而材料自身携带的一些成分因为化学反应的发生产生体积膨胀。这类膨胀可分为三大类。

第一类是水泥混凝土在使用过程中因硫酸盐侵蚀或碱-骨料反应等原因而产生膨胀，这类膨胀属于腐蚀性膨胀，严重影响材料的使用性能。第二类是在配制混凝土时使用膨胀水泥、自应力水泥或膨胀剂而使水泥混凝土产生的膨胀，这类膨胀属于人为的可控制膨胀，主要是用于补偿水泥的化学收缩。第三类是水泥生产过程中残留的 f-CaO、MgO 以及过量的 $CaSO_4$ 的延迟水化反应引起的体积膨胀，这类膨胀严重时会危及结构的安全即所谓的水泥体积安定性问题。

第六节 水泥的强度

一、水泥强度的基本知识

水泥胶砂硬化试体承受外力破坏的能力，称为水泥强度。它是水泥重要的物理力学性能之一，也是混凝土强度的主要来源。根据外力的作用方式不同，水泥的强度主要有抗压强度和抗折强度两种。水泥的抗压强度较高，实际建筑结构中主要是利用水泥的抗压强度。

（一）水泥强度的种类与强度单位

1. 抗压强度

水泥胶砂硬化试体承受压缩破坏时的最大应力，以兆帕（MPa）表示。

2. 抗折强度

水泥胶砂硬化试体承受弯曲破坏时的最大应力，以兆帕（MPa）表示。

3. 国际单位制（SI）强度单位的几种表示方法及其换算

$$1MPa = 1N/mm^2 = 10^6 Pa（帕）= 10^6 N/m^2$$

（二）水泥的强度等级

在水泥生产过程中，由于工艺技术条件及其他原因，各厂生产的水泥其强度有很大的差别。为了把水泥质量按强度高低分出等级，同时为设计混凝土强度等级提供依据，实际应用中须将水泥按强度高低划分出不同的强度等级。

水泥强度等级是一种人为规定的水泥强度高低序列的划分方法。通用水泥是以标准条件养护的水泥胶砂硬化试体 3d 龄期和 28d 龄期的抗折、抗压强度进行划分。各水泥的强度等级及其要求如表 1-6-1 所示。

通用水泥的强度等级序列如下：

① 硅酸盐水泥的强度等级：42.5，42.5R，52.5，52.5R，62.5，62.5R；

② 普通硅酸盐水泥的强度等级：42.5，42.5R，52.5，52.5R；

③ 其他通用水泥的强度等级：32.5，32.5R，42.5，42.5R，52.5，52.5R。

在水泥的强度增进过程中，有一个凝结硬化强度由低到高发展的过程，一般在 28d 以前水泥强度增长速度很快，28d 以后增长速度越来越小。根据水泥的这种特性和混凝土施工速度的要求，一般混凝土的使用强度都以 28d 抗压强度为基准，因此通用水泥也以 28d 抗压强度作为划分水泥强度等级的主要依据。但某等级的水泥除了 28d 龄期的抗压强度要达到规定的强度值外，其他各龄期的抗折强度和抗压强度也要符合规定值，否则只能降低水泥的强度等级或为不合格水泥。

表 1-6-1　通用硅酸盐水泥的强度等级与技术要求（GB 175—2007）

品种	强度等级	抗压强度		抗折强度	
		3d	28d	3d	28d
硅酸盐水泥	42.5	≥17.0	≥42.5	≥3.5	≥6.5
	42.5R	≥22.0		≥4.0	
	52.5	≥23.0	≥52.5	≥4.0	≥7.0
	52.5R	≥27.0		≥5.0	
	62.5	≥28.0	≥62.5	≥5.0	≥8.0
	62.5R	≥32.0		≥5.5	
普通硅酸盐水泥	42.5	≥17.0	≥42.5	≥3.5	≥6.5
	42.5R	≥22.0		≥4.0	
	52.5	≥23.0	≥52.5	≥4.0	≥7.0
	52.5R	≥27.0		≥5.0	

续表

品种	强度等级	抗压强度		抗折强度	
		3d	28d	3d	28d
矿渣硅酸盐水泥 火山灰硅酸盐水泥 粉煤灰硅酸盐水泥 复合硅酸盐水泥	32.5	≥10.0	≥32.5	≥2.5	≥5.5
	32.5R	≥15.0		≥3.5	
	42.5	≥15.0	≥42.5	≥3.5	≥6.5
	42.5R	≥19.0		≥4.0	
	52.5	≥21.0	≥52.5	≥4.0	≥7.0
	52.5R	≥23.0		≥4.5	

注：R为早强型。

例如，强度等级的确定。

实测某编号硅酸盐水泥各龄期强度（平均值）如下表所示。

抗折强度/MPa		抗压强度/MPa	
3d	28d	3d	28d
5.1	8.1	24.6	60.8

查表1-6-1得，该编号水泥的强度等级为52.5。

（三）影响水泥强度的因素

水泥的强度是水泥熟料矿物持续水化及其凝结硬化的结果。因此，凡是影响水泥水化及其凝结硬化的因素都会影响水泥的强度，如熟料矿物组成、水泥细度、石膏掺入量、混合材品种与掺入量、外加剂、环境的温湿度、水灰比、时间等。

1. 熟料矿物组成

一般 C_3S 矿物含量多的水泥，硬化速度快，早期强度高；C_3A 矿物含量相对多的水泥凝结硬化快，早期强度增长迅速。C_2S 矿物含量多时，水化硬化速度较缓慢早期强度低，但对水泥长期强度有好处。

2. 水泥细度

提高水泥的粉磨细度，能使水泥颗粒的表面积增大，因而水化反应也进行得快，水泥的硬化速度增快，早期强度高。根据大量的实验证明，$30\mu m$ 以下的颗粒活性最大，可以加速水泥凝结硬化速度，提高早期强度。但粉磨过细在经济技术上不合理，所以要选择一个"最佳细度"，使水泥颗粒级配最佳。

3. 石膏掺入量

适量石膏不但可调节水泥的凝结时间，而且还可以提高水泥强度。尤其对矿渣水泥，石膏可作为硫酸盐激发剂，激发矿渣活性。$CaSO_4$ 与水化铝酸盐作用生成钙矾石，提高其强度。但石膏过量，可引起水泥的安定性不良。

4. 混合材掺入量

混合材掺入量越多，水泥强度越低。

5. 外加剂

加入少量外加剂也能促进或减缓水泥的水化速度。如氯化钙、三乙醇胺等都是促凝剂，而石膏则起缓凝作用。

6. 其他

一般来讲，提高环境的温度、湿度可加快水泥的水化速度，提高早期强度；而水灰比过大则会降低水泥的强度；随着时间的推移，水泥的强度会不断增长，这一过程有可能持续几十年。

因此，水泥强度试验要控制环境的温度、湿度、水灰比，并规定龄期，以使试验结果具有可比性。

（四）水泥强度试验的一般规定

1. 水泥强度试验环境条件

（1）成型室　温度（20±2）℃，相对湿度不小于50％，至少每天记录一次。

（2）养护箱（雾室）　温度（20±1）℃，相对湿度不小于90％，至少每4h记录一次，在自动控制情况下记录次数可酌减为一天记录二次。

（3）养护水池　温度（20±1）℃，至少每天记录一次。

2. 材料

（1）水泥　当试验水泥从取样至试验要保持24h以上时，应把它储存在基本装满和气密的容器里，这个容器应不与水泥起反应。

（2）水　一般情况可用饮用水，仲裁试验或其他重要试验用蒸馏水。

（3）中国ISO标准砂　应符合ISO基准砂的颗粒要求与湿含量规定，并与ISO基准砂具有等效性即通过与ISO基准砂的水泥强度对比试验。

ISO基准砂是由德国标准砂公司制备的SiO_2含量不低于98％的天然圆形硅质砂组成，其颗粒分布在表1-6-2规定的范围内。

表1-6-2　ISO基准砂颗粒分布（GB 175—2007）

方孔边长/mm	累计筛余/%
2.0	0
1.6	7±5
1.0	33±5
0.5	67±5
0.16	87±5
0.08	99±1

ISO基准砂的湿含量是在105～110℃下用代表砂样烘2h的质量损失来测定，以干基质量百分数表示，应小于0.2％。

3. 试件制作与养护

将水泥、水、中国标准砂按一定比例、规定程序制成40mm×40mm×160mm的长方体试件，试件先在养护箱中养护后在养护水池中养护至规定的龄期（3d、28d）。

4. 破型

将养护至规定龄期的试件按一定程序做破坏性的抗折、抗压试验。

二、水泥胶砂强度试件成型与养护试验方法（GB/T 17671—1999）

（一）试件的制作与成型

1. 主要仪器设备

① 胶砂搅拌机，如图1-6-1所示。

② 振实台或振动台，如图1-6-2和图1-6-3所示。

③ 三联试模，如图1-6-4所示。

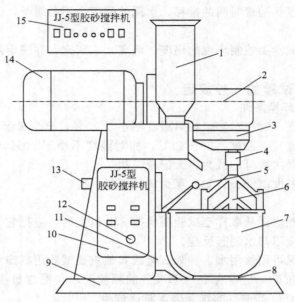

图 1-6-1   行星式水泥胶砂搅拌机

1—砂斗；2—减速箱；3—行星机构及叶片公转标志；4—叶片紧固螺母；5—升降柄；6—叶片；
7—锅；8—锅座；9—机座；10—立柱；11—升降机构；12—面板自动、手动切换开关；
13—接口；14—立式双速电机；15—程控器

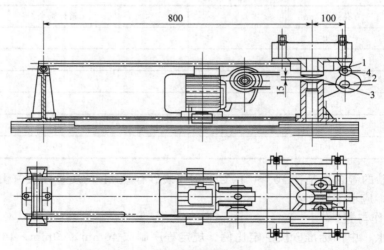

图 1-6-2   典型的振实台

1—突头；2—凸轮；3—止动器；4—随动轮

④ 播料器与刮平尺。

2. 胶砂的制备

① 检查水泥式样、标准砂、拌合水和试验用具是否与试验室温度一致；养护箱是否达到规定的温、湿度条件。

② 搅拌机在试验前先试运行一次，检查是否符合规定程序。其程序为：慢转 60s 并在第二个 30s 开始的同时加砂装置启动；快转 30s；停 90s；快转 60s。

③ 称量试验用的材料：每成型一个三联试模需要水泥（450±2）g、标准砂一袋（1350±5）g、拌合水（225±1）g。

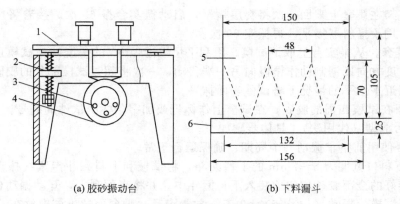

(a) 胶砂振动台　　　　　　　(b) 下料漏斗

图 1-6-3　胶砂振动台和配套漏斗

1—台板；2—弹簧；3—偏重轮；4—电机；5—漏斗；6—模套

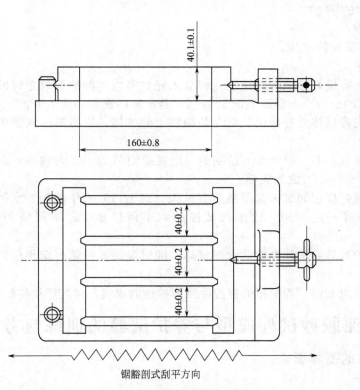

锯齿剖式刮平方向

图 1-6-4　典型的三联试模

④ 将标准砂倒入加砂筒内。用湿布将叶片和锅壁擦拭干净，把水加入搅拌锅中，再倒入水泥，接着把锅固定在搅拌位置。启动搅拌机，搅拌机开始按程序工作，在中间停机时的前 15s 内用一胶皮刮具将叶片和锅壁上的胶砂刮入锅中间。搅拌结束后取下搅拌锅，用小勺将胶砂拌动几次。

3. 成型

① 检查三联试模组装、涂油是否符合要求，清除试模内的杂物和多余的黄油。

② 振实台成型（ISO 法）。具体步骤如下。

a. 振实台在试验前先振动一个周期，确认无问题后，将试模沿臂长方向卡紧在台盘上。

b. 将搅拌好的胶砂分两层装入试模。装第一层时，每个空槽里放约 300g 的胶砂，并用大播料器垂直架在模套上来回一次将料层播平，启动振实台振 60 次。接着将剩余的胶砂平均装入模槽，用小播料器播平，再振实 60 次。

c. 移开模套，从振实台上取下试模，用刮平尺以近似 90° 的角度架在试模顶的一端，然后沿试模的长度方向以锯割动作慢慢向另一端移动，一次将超过试模部分的胶砂刮去，并用同一刮平尺以近乎水平的情况下将试件表面抹平。

d. 去掉留在试模四周的胶砂，在试模上作标记或加字条标明试件的编号。

③ 振动台成型（代用法）。具体步骤如下。

a. 振动台使用前空车振动一个周期，确保运行正常。

b. 选用下料口宽度为 5～7mm 的下料漏斗，将试模和下料漏斗卡紧在振动台面固定位置上，将搅拌好的全部胶砂均匀地装入下料漏斗中，并将表面刮平，开动振动台，胶砂通过下料漏斗流入试模。振动（120±5）s 停车，放松卡具，顺台面拉出试模放在工作台上。

c. 刮平、抹平与作标记同振实法。

（二）试件的养护

1. 养护设备

①养护箱；②养护水池。

2. 养护程序

① 成型后，将做好标记的试模应立即放入养护箱内，养护至规定时间脱模。养护箱的温度应控制在（20±1）℃，湿度不低于 90%，养护箱内篦板必须水平。

② 脱模前先将试体做好标记，两个龄期以上的试体，应将同一试模中的三条试体分在两个以上龄期内。

③ 脱模应非常小心。对于 24h 龄期的，应在破型前 20min 内脱模，对于 24h 以上龄期的，应在成型后 20～24h 之间脱模。

④ 立即将做好标记的试体水平或竖直放入（20±1）℃水中养护，水平放置时，刮平面向上，彼此间保持一定间距，让水与试件的六个面接触，之间间隔和上表面水深不小于 5mm。

⑤ 每个养护池只养护同类型的水泥试体，随时保持养护箱恒定水位，不允许在养护期内全部换水。

⑥ 经常检查成型室、养护箱的温湿度及养护池的水温，将其严格控制在标准范围内。

三、水泥胶砂试件成型与养护试验的训练与考核

（一）训练的基本要求

1. 检查内容

检查水泥试样、拌合水、标准砂、养护箱、振实台、振动台、称样天平、胶砂搅拌机等是否符合使用状况，记录试验室、养护箱的温度和湿度以及养护水池的温度。

2. 填空试验表格

试验时应严格遵守标准规定的测定步骤，按下列形式如实填写试验原始记录表。

表格编号：_____

检测项目名称：_____　　共　页　第　页

委托编号：_____ 样品来源：_____　　样品编号：_____

水泥产地品牌：_____　　品种等级：_____

水泥出厂编号：_____　　取样日期：____年____月____日

送检日期：____年____月____日　　检验日期：____年____月____日

检验依据：_____

仪器名称与编号：_____

检测地点：_____温度：_____湿度：_____

检测前仪器状况：_____检测后仪器状况：_____

原料温度	水泥：	℃	拌合水：	℃	标准砂：	℃
水泥	标准砂	水	下料时间	养护水温	养护箱	养护湿度
g	g	g	时　分	℃	℃	％
g	g	g	时　分	℃	℃	％
成型日期			年　　月　　日			
备注						

操作员　　　　　　　　校核教师　　　　　　　　　　　　年　　月　　日

3. 试验报告

试验报告应包括如下内容：

① 试验目的；②试验方法依据的标准；③仪器设备；④试验步骤；⑤试件组数；⑥试验原始记录表；⑦问答。

（1）水泥胶砂成型与养护的技术要求

① 水泥胶砂成型各材料的用量是_____，试件的规格为_____；对试验的温、湿度要求是：试验室_____，养护箱_____，养护水池_____。

② 胶砂混合搅拌的程序要求是_____。

③ 振实成型的时间与次数要求是_____。

④ 带模养护的时间为_____，试件编号的要求是_____，试件在水中养护时放置的要求是_____，通常情况下，养护的龄期有_____。

（2）水泥胶砂成型仪器设备的身份参数

① 振实台：生产厂家_____；仪器型号_____；出厂编号与日期_____；振幅_____，振动频率_____。

② 振动台：生产厂家_____；仪器型号_____；出厂编号与日期_____；振幅_____，振动频率_____。

③ 胶砂搅拌机：生产厂家_____；仪器型号_____；出厂编号与日期_____；转速_____。

④ 三联试模：生产厂家_____；规格型号_____；出厂编号与日期_____。

（二）操作时应注意的事项

1. 温、湿度

成型与养护时的温、湿度对水泥强度试验结果影响较大，应经常检查成型室、养护箱的温、湿度及养护池的水温，将其严格控制在标准规定的范围内。养护池水的温度高低，直接影响水泥试块的水化速度，水化速度又影响到水泥强度的增长。水泥水化速度快，水泥强度拉长也快；反之，强度增长就慢。有关试验表明，水温每差1℃强度相差1％。水温对矿渣水泥、煤灰水泥比对普通水泥更为敏感。因此国家标准规定，养护池水温必须控制在（20±1）℃范围内。

另外，水泥试样、拌合水、标准砂、仪器用具的温度应与试验室一致。每次养护先用洁净的自来水装满水池。

2. 物料比例

制作试件的各物料比例同样影响试验结果，各物料用量应严格控制在标准允许的范围内。在一定范围内，加水量偏少，试验结果偏高，反之结果偏低。试验所用的拌合水必须是洁净的饮用水。

3. 胶砂搅拌

水泥胶砂搅拌机叶片与锅底、锅壁之间的间隙及搅拌时间对试验结果也会产生影响。一般认为间隙增大，抗压强度下降，反之增高；胶砂搅拌时间缩短，早期强度结果偏低，反之早期强度偏高。因此，应定期检查叶片与锅底、锅壁之间的间隙及搅拌时间。

4. 振实

要定期检查振实台的振幅。振幅的大小直接影响试验的准确性，振幅过大造成强度虚假；振幅过小胶砂内的气泡排不净，造成强度偏低。

5. 刮平与抹平

刮平与抹平后胶砂试件的表面应与试模顶面齐平，否则破型时受力面积偏差较大，影响强度试验结果。

（三）训练与考核的技术要求和评分标准

训练与考核项目：水泥强度试件的成型与养护
学生姓名_____，班级_____，学号_____
考核项目：振实法　　　　　　　　　　时间要求：10min

技术要求	配分	评分细则 括弧内的数字为该项分值，否则取平均分	得分
仪器设备检查	15（分）	①试模检查、涂油及固定（10） ②湿布擦拭搅拌锅、叶片（5）	
试样准备	15（分）	①水泥试样量符合要求（5） ②核实标准砂的质量（5） ③加水量符合要求（5）	
操作步骤	50（分）	①加料顺序正确（5） ②砂浆装料符合要求（5） ③拨料符合规定（5） ④刮平、抹平符合国标要求（5） ⑤试模搬动平稳（5） ⑥编号处置合理（5） ⑦脱模时间符合规定（5） ⑧拆模与装模符合要求（5） ⑨养护温湿度符合规定（5） ⑩试件放置符合要求（5）	
安全文明操作	20（分）	①操作台面整洁（10） ②无安全事故（10）	

实际操作时间（min）：　　　　　　　　　　超时扣分（3分/min）：
评分：　　　　　　　　　　　　　　　　　教师（签名）：

（四）讨论与总结

1. 讨论及总结内容

简述水泥胶砂成型与养护的试验目的、仪器设备、操作步骤及其相应的技术要求。

2. 操作应注意的事项

结合操作时应注意的事项，讨论影响水泥胶砂试件成型与养护的主要因素及其控制方法。

（1）操作的影响

① 振实后，试模料面高低不齐：装料不匀，多练。

② 抹平后料面高出试模或高低不平：刮平时的速度与力度不稳，多练。

③ 脱模后试件底面气孔较多或较大：振实的振幅过小或试模底的黄油、杂物未清除。

④ 脱模困难：装模时涂油太少或不匀。

⑤ 脱模时试件损坏：脱模时用力过猛，小心脱模。

（2）仪器设备的影响　国家标准对水泥胶砂成型与养护试验所用设备的技术要求有明确的规定。

① 三联试模的技术要求如下。

a. 长、宽、高的尺寸误差要求如图1-6-4所示，试模质量应在（6.25±0.25）kg范围内。

b. 试模组件安装紧固后，隔板与端板的上平面应平齐，内壁各接触面应相互垂直，垂直公差不大于0.2mm。

三联试模计量检定周期为每年一次。

② 胶砂搅拌机的技术要求如下。

a. 转速（r/min）与时间（s）程序要求是：

慢速（公转62±5，自转140±5；时间60±1），快速（公转125±10，自转285±10；时间30±1），停（时间90±1），快速（公转125±10，自转285±10；时间60±1）。

b. 搅拌叶片与锅底、锅壁的工作间隙为（3±1）mm（图1-6-5），自检每月一次。胶砂搅拌机每年检定一次。

③ 振实台（图1-6-2）的技术要求如下。

a. 振幅：（15.0±0.3）mm，振动频率为60次/（60±2）s。

b. 台盘（包括臂杆、模套和卡具）总质量为（13.75±0.25）kg。

c. 台盘中心到臂杆轴中心的距离为（800±1）mm，台盘中心到滚轮和凸轮轴线的水平距离为（100±1）mm。

振实台每年检定一次。

④ 振动台（图1-6-3）的技术要求如下。

a. 全波振幅为（0.75±0.02）mm，频率为2800～3000次/min，振动时间为（120±2）s，刹车时间小于5s。

b. 可振动部分的总质量为（32.0±0.5）kg。

振动台每年检定一次。

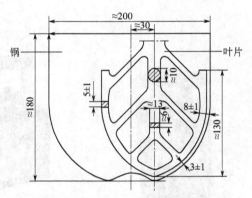

图1-6-5　搅拌叶片与搅拌锅的尺寸

四、水泥胶砂强度试件的破型试验方法（GB/T 17671—1999）

（一）破型设备

① 电动抗折试验机，如图1-6-6所示。

② 抗压夹具，如图1-6-7所示。

③ 水泥压力试验机，如图1-6-8所示。

（二）试验程序

1. 总则

① 按龄期进行破型试验。国标对水泥强度试验试件龄期是从水泥加水搅拌开始试验时算起，不同龄期强度试验在下列时间里进行：24h±15min；48h±30min；72h±45min；7d±2h；>28d±8h。

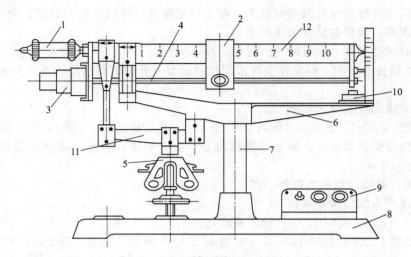

图 1-6-6　电动抗折试验机

1—平衡锤；2—游动砝码；3—电动机；4—传动丝杆；5—抗折夹具；6—机架；7—立柱；
8—底座；9—电器控制箱；10—制动开关；11—下杠杆；12—上杠杆

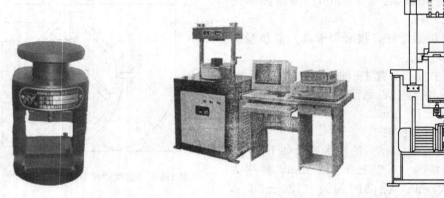

图 1-6-7　抗压夹具　　　　　**图 1-6-8　全自动水泥压力试验机及其主机架简图**

② 每次破型 3 条试件，先做抗折试验后做抗压试验。

③ 除 24h 龄期或延迟至 48h 脱模的试件外，任何到龄期的试件应在破型前 15min 从水池中取出，同时擦去试件表面的沉积物，并用湿布覆盖直到试验结束为止。

2. 抗折试验

（1）试验前的准备工作

① 试验前首先检查抗折机是否处于正常状态。试体放入前，应使杠杆成平衡状态，擦试夹具，清除黏着物。

② 试体取出后，须用毛巾擦去表面的附着水分和砂粒，按试验编号排放整齐，并用潮湿的毛巾覆盖。

（2）破型　将试体放入抗折夹具内，应使测面与圆柱接触。试体放入后调整夹具，使杠杆在试体折断时尽可能地接近平衡位置。

破型中必须严格掌握破型速度使其在 50N/s±10N/s 范围内。

（3）计算 公式为：

$$抗折强度\ R_f = \frac{1.5F_f L}{b^3}\quad (\text{N/mm}^2\ 或\ \text{MPa})$$

式中 F_f——折断时施加于棱柱中部的荷载，N；

L——支撑圆柱之间的中心距，mm（100mm）；

b——棱柱体试件正方形截面边长，mm（40mm）。

或直接从抗折机的标尺上读出每个试件的抗折强度测定值。

3. 抗压试验

（1）试验前的准备工作

① 试验前首先检查压力机是否处于正常状态，包括压力机球座的润滑情况，压力机的升压情况。

② 试体经抗折破型后，需用毛巾擦去粘在试体表面上的砂粒，按编号顺序排列整齐，并用潮湿毛巾覆盖。

（2）破型 抗折破型后的半截棱柱体放入抗压夹具内，在压力试验机上进行破型。应在半截棱柱体的侧面作为受压面，半截棱柱体中心与压力机压板受压中心差应在±0.5mm 内，棱柱体露在压板外的部分约有 10mm。

整个加荷过程中以 2400N/s±200N/s 的速度均匀地加荷至试体破坏。

（3）计算 公式为：

$$抗压强度\ R_c = \frac{F_c}{A}\quad (\text{MPa}\ 或\ \text{N/mm}^2)$$

式中 F_c——破坏时的外力，N；

A——受压面积，mm²（40×40）。

（三）试验结果的确定

1. 抗折强度的确定

① 以一组三个棱柱体上得到的三个抗折强度测定值的算术平均值作为抗折强度。

② 当三个测定值中有超出平均值±10％时，应剔出该值，再取剩余两个值的平均值作为抗折强度。

③ 平均值计算至 0.1MPa，对后面的数字用数字修约法则取舍。

2. 抗压强度

① 以一组三个棱柱体上得到的六个抗压强度测定值的算术平均值作为抗压强度。

② 如有一测定值超出平均值的±10％，则剔出该值，并以剩余的五个测定值的平均值作为抗压强度，如剩余的五个测定值中再有超过其平均值±10％的，则此组结果作废。

③ 各个半棱柱体的单个抗压强度结果计算至 0.1MPa，平均值计算至 0.1MPa，对后面的数字用数字修约法则取舍。

五、水泥胶砂强度试件破型试验的训练与考核

（一）训练的基本要求

1. 检查内容

检查水泥强度试件、电动抗折机、液压式压力机、抗压夹具等是否符合使用状况，记录试验室的温度和湿度。

2. 填写试验表格

试验时应严格遵守标准规定的测定步骤，按下列形式如实填写试验原始记录表。

表格编号：_____

检测项目名称：_____　　　共　页　第　页

委托编号：_____样品来源：_____　　样品编号：_____

水泥产地品牌：_____　　品种等级：_____

水泥出厂编号：_____　　取样日期：____年____月____日

送检日期：____年____月____日　　　　　　检验日期：____年____月____日

检验依据：_____

仪器名称与编号：_____

检测地点：_____温度：_____湿度：_____

检测前仪器状况：_____检测后仪器状况：_____

试验项目	龄期	3d		28d	
	试验日期	年　月　日		年　月　日	
	编号	强度/MPa		强度/MPa	
抗折强度	1				
	2				
	3				
	平均				
	编号	荷重/kN	强度/MPa	荷重/kN	强度/MPa
抗压强度	1				
	2				
	3				
	4				
	5				
	6				
	平均				
备注		剔除值左上角标注*			

操作员　　　　　　　　　　校核教师　　　　　　　　　　　年　　月　　日

3.　试验报告

试验报告应包括如下内容：

①试验目的；②试验方法依据的标准；③仪器设备；④试验步骤；⑤试件组数；⑥试验原始记录表；⑦问答。

（1）水泥胶砂强度试件破型的技术要求

① 抗折试验的加荷速度要求是_____，抗压试验的加荷速度要求是_____。

② 除24h龄期或延迟至48h脱模的试件外，任何到龄期的试件应在破型前_____从水池中取出，同时擦去_____，并用湿布_____直到试验结束为止。

③ 3d龄期强度试验在_____时间里进行，28d龄期强度试验在_____时间里进行。

（2）水泥胶砂试件破型设备的身份参数

① 电动抗折机：生产厂家_____；仪器型号_____；出厂编号与日期_____；计量最小刻度_____。

② 液压式压力机：生产厂家_____；仪器型号_____；出厂编号与日期_____；计量最小刻度_____。

③ 抗压夹具：生产厂家＿＿＿＿＿＿＿＿＿＿＿＿；仪器型号＿＿＿＿＿＿＿＿＿＿＿＿＿；出厂编号与日期＿＿＿＿＿＿＿＿。

（二）破型操作时应注意的事项

① 试件放入抗折夹具时，将气孔多的一面向上，作为受荷面，尽量避免大气孔在抗折夹具圆柱下；气孔少的一面向下，作为受拉面。

② 试件放入抗折夹具中间后，两端与定位板对齐，并根据试件的龄期和水泥的等级，将杠杆调整到一定的角度，使其在试件折断时杠杆尽可能接近平衡位置。如果第一个试件折断时，杠杆的位置高于或低于平衡位置较多，那么第二、第三个试验时，可将杠杆角度再调小或调大一些。

③ 试件放入抗压夹具时，长度两端超出加压板的距离要大致相当，折断面超出的距离应多一些。成型时的底面应紧靠下压板的两定位销。

④ 抗压试验时，在试件刚开始受力时，应小于规定的加荷速度，以使球座有调整的余地，使加压板均匀压在试件面上。在接近破坏时，加荷速度应严格控制在规定的范围内，不能突然冲击加压或停顿加荷。

⑤ 加荷速度的快慢直接影响试验结果的准确性。加荷速度快，结果偏高，反之偏低。因此，必须按标准进行操作。

⑥ 抗压夹具应保持清洁，不得有碰伤和划痕。抗压夹具不放试件时，若加压到工作位置，压力机不应有负荷。

⑦ 试件破坏荷载应大于压力机全量程的20%且小于压力机全量程的80%。

（三）破型试验训练与考核的技术要求和评分标准

训练与考核项目：水泥强度试件的破型
学生姓名＿＿＿＿＿＿＿＿＿，班级＿＿＿＿＿＿＿，学号＿＿＿＿＿＿＿＿
考核项目：水泥胶砂强度试件破型试验　　　时间要求：15min

技术要求	配分	评分细则 括弧内的数字为该项分值，否则取平均分	得分
仪器设备检查	10（分）	①抗折机调平衡（4） ②压力机量程范围检查（3） ③抗压机指针调零（3）	
试件准备	6（分）	①用湿布清洁擦拭试件（3） ②用湿布覆盖试件（3）	
操作步骤	50（分）	①夹具清扫（5） ②试件放置位置合适（5） ③受力面正确（5） ④开机顺序正确（5） ⑤加力杠高度定位合适（5） ⑥加荷速度符合国标要求（5） ⑦抗折试验后砝码回复"0"位（5） ⑧回油速度适当（5） ⑨关机顺序正确（5） ⑩抗压试验机指针复位（5）	
结果确定	24（分）	①数据记录符合要求（4） ②计算结果正确（12） ③数据处理得当（8）	
安全文明操作	10（分）	①操作台面整洁（4） ②无安全事故（6）	

实际操作时间（min）：　　　　　　　　　超时扣分（3分/min）：
评分：　　　　　　　　　　　　　　　　教师（签名）：

（四）讨论与总结

1. 讨论及总结内容

简述水泥胶砂强度试件破型的试验目的、仪器设备、操作步骤及其相应的技术要求。

2. 操作应注意的事项

结合破型操作时应注意的事项，讨论影响水泥强度破型试验的主要因素及其控制方法。

（1）操作的影响

① 折断后两断块长度相差较大：气孔多的一面向上，作为受荷面，气孔少的一面向下，作为受拉面。试件两端应与定位板对齐。

② 试件折断时，杠杆的位置高于或低于平衡位置较多：可将杠杆角度再调小或调大一些。

③ 抗压测定值波动较大：按标准严格控制加荷速度。

④ 抗压时送油时间过长：回油过多，调整好回油位置。

（2）仪器设备的影响　国家标准对水泥胶砂强度破型试验所用设备的技术要求有明确的规定。

① 电动抗折机的技术要求如下。

a. 示值相对误差不大于±1.0%。

b. 加荷速度50N/s±10N/s。

c. 加荷圆柱与支撑圆柱直径（10±0.1）mm，加荷圆柱与支撑圆柱有效长度为46mm，两支撑圆柱中心距为（100±0.1）mm，加荷和支撑圆柱都应转动，配合间隙不大于0.05mm。

检定周期每年一次。

② 液压式压力机的技术要求如下。

a. 示值相对误差不大于±1.0%。

b. 量程范围最好在0～300kN。

检定周期每年一次。

③ 抗压夹具的技术要求如下。

a. 上、下压板宽度：（40±0.1）mm。上、下压板长度：大于40mm。

b. 定位销高度不高于下压板表面5mm，间距为41～55mm。

六、阅读与了解

液压式压力机和电动抗折机的使用与维护

（一）液压式压力机

液压式压力机由主体部分的油泵，工作油缸和测力部分的测力油缸所组成。油泵与工作油缸及测力油缸之间用管道连通，构成密闭的油压系统。压力机工作时，油泵将油压到工作油缸，工作油缸活塞上升使试件受力，测力油缸活塞下降使测力显示，余油管使缸内余油流入油盘，送油管输送油液至油缸，回油管将油送回油箱。

1. 液压式压力机的日常检查

① 经常检查上、下压板是否对准和水平。如果压板不平，就会对试块形成局部受压，从而明显降低抗压强度。

② 球座灵活与否对试验结果影响较大，必须经常检查。压力机球座的作用是为了使试块破型时能自由调整压板，使其与试块保持紧密的接触，球座不灵活就失去自由调整的作用，致使压板与试块不能紧密接触而使试验结果偏低。因此，在压力机的使用过程中，必须对球座经常检查

和加油，以保持球座灵活性。

③ 正确选择球座的润滑油和压力机循环油。球座润滑油和压力机循环油不同时，将影响试验结果。必须按压力机说明书要求加油。

2. 液压式压力机的操作

(1) 度盘选用　在试验前，应对所做试验的最大载荷有所估计，选用相应的测量范围。同时调整缓冲阀的手柄，以使相应的测量范围对准标准线。

(2) 摆锤的悬挂　一般试验机有三个测量范围，共有三个摆陀，使用前按照负荷选取。

(3) 指针零点调整　试验前，开动油泵将指针调整到零点位置。

(4) 平衡锤的调整　试验时，先将需要的摆锤挂好，打开送油阀，使活塞升起一个段，然后再关闭送油阀，调节平衡锤，使摆杆上的刻线与标定的刻线相重。此时如果指针不对零，则可调整推杆，使指针对准度盘的零点。

(5) 送油阀及回油阀的操作　在试验台升起时送油阀可开大一些，以减少试验的辅助时间。试验时，需平稳地作增减负荷操作；试件破坏后，将送油阀关闭，然后慢慢打开回油阀以卸除荷载。加荷时，必须将回油阀关紧，不允许有油漏回，送油阀手轮不要拧得过紧，以免损伤油针的尖梢，回油阀手轮必须拧紧，因油针端为较粗大的钝角，所以不易损伤。

3. 液压式压力机的日常保养

① 试验机主体部位应经常擦拭干净；没有喷漆的表面，擦拭干净以后，要用纱布蘸少量机油再擦一遍，以防生锈；雨季时更应注意擦拭。不用时，用布罩罩上，以防灰尘。

② 试验机上的各种油路、电路、螺钉、限位器、部件等要定期检查。

③ 测力计上所有活门不应经常打开放置，以免尘土进入内部，影响测力部分的灵敏性。

④ 禁止未经培训过的人员使用试验机，以免发生意外。

⑤ 试验暂停时，应将油泵关闭，不要空转，以免不必要的磨耗油泵部件。

(二) 电动抗折机

抗折机在使用过程中应经常维护、保养，并定期进行校正，一般每年一次。

1. 抗折机夹具

抗折机夹具合格与否，是影响抗折机试验结果的关键，使用时必须经常检查抗折机夹具是否符合标准要求。主要从下列几方面进行检查。

① 检查上、下夹具是否对正。如果抗折机上、下夹具不正，将会使试体经受到拉力外，还会受到扭力作用，从而降低抗折强度。

② 检查夹具的两个支撑圆柱是否在同一水平面上，是否与试体长度方向垂直。

③ 检查夹具的两支撑圆柱是否转动，如果圆柱不转动将产生不良的摩擦力而影响试验结果。

2. 杠杆灵敏度

杠杆灵敏度越高，越能正确反映抗折强度测定。检查杠杆灵敏度，采用下列方法。

① 将杠杆调到平衡后，拨动杠杆使其上、下摆动，摆动次数越多，其灵敏度就越高。

② 将杠杆调到平衡后，在加荷的一端放1g砝码，观察杠杆下沉程度，杠杆下沉位置距离平衡线愈远，则说明抗折机灵敏度愈高，一般杠杆下沉距离需达到1cm。

影响杠杆灵敏度的因素主要是刀刃的锐利程度以及刀刃与刀槽的平行度。当灵敏度达不到要求时，须检查刀刃是否变钝以及刀刃与刀槽是否平行。

3. 加荷速度

加荷速度的快慢直接影响试验结果的准确性。加荷速度快，结果偏高，反之偏低。因此，应经常检查加荷速度是否在标准要求范围内。当加荷速度达不到标准要求时，可采用下列方法进行调整。

用秒表测定抗折机荷重（铊）的前进速度，同时打开开关盒，调节盒内的可变电阻，改变电机的转速，直至使荷重的前进速度达到 0.5cm/s，此时可保证加荷强度在（0.5±0.05）MPa 范围内。

第七节　水泥胶砂流动度

一、水泥胶砂流动度的基本知识

1. 水泥胶砂流动度

水泥胶砂流动度是水泥砂浆需水性的一种表示方法。

胶砂流动度是指灰砂比为 1∶3 的水泥胶砂加水拌合后，在特制的跳桌上进行振动，测量胶砂圆台体振动扩散后底部的直径，以毫米表示的水泥砂浆稠度状态。达到一定流动度范围时，胶砂的拌合水量大小即表示砂浆需水性的大小。

2. 胶砂流动度的意义

这种人为规定的水泥砂浆特定的稠度状态反映了水泥胶砂的可塑性。用流动度来控制加水量，使胶砂物理性能的测试具有可比性；用流动度来控制水泥胶砂强度试件成型的加水量，可使测得的水泥强度与混凝土强度之间有较好的相关性。

因此，在国家标准《通用硅酸盐水泥》GB175—2007 中，规定火山灰质硅酸盐水泥、粉煤灰硅酸盐水泥、复合硅酸盐水泥和掺火山灰质混合材料的普通硅酸盐水泥在进行胶砂强度检验时，其用水量按 0.50 的最低水灰比和胶砂流动度不小于 180mm 来确定。

3. 水泥胶砂强度试验的水灰比及其调整方法

① 硅酸盐水泥、矿渣硅酸盐水泥按 0.50 的水灰比进行强度试验。

② 火山灰质硅酸盐水泥、粉煤灰硅酸盐水泥、复合硅酸盐水泥和掺火山灰质混合材料的普通硅酸盐水泥首先按 0.50 的水灰比进行胶砂流动度试验。

a. 若胶砂流动度不小于 180mm，则按 0.50 的水灰比进行强度试验。

b. 若胶砂流动度小于 180mm，则需以 0.01 的整倍数递增的方法将水灰比调整至胶砂流动度不小于 180mm，并以此时的水灰比进行强度试验。

二、水泥胶砂流动度的测定方法（GB/T 2419—2005）

（一）方法原理

通过测量一定配比的水泥胶砂在规定振动状态下的扩展范围来衡量其流动性。

（二）仪器设备

① 胶砂搅拌机；

② 卡尺、小刀、天平；

③ 跳桌（图 1-7-1）及其附件。跳桌包括推杆、圆盘、托轮、凸轮；附件包括圆柱捣棒、截锥圆模、模套。

（三）试验方法

1. 胶砂的制备

以 0.5 的水灰比、1∶3 的灰砂比，按 GB/T 17671—1999 的方法制备胶砂。

2. 装模

在胶砂制备的同时，先用湿布擦拭跳桌台面、捣器、截锥圆模和模套内壁。将搅拌好的水泥胶砂迅速分两层装入模内，第一层装至截锥圆模高度的 2/3 处，用小刀在垂直两个方向

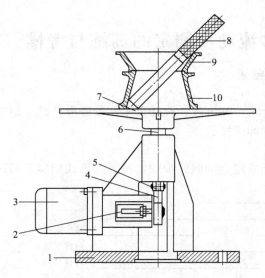

图 1-7-1　跳桌结构示意图

1—机架；2—接电开关；3—电机；4—凸轮；5—滑轮；6—推杆；
7—圆盘桌面；8—捣棒；9—模套；10—截锥圆模

各划 5 次，再用圆柱捣棒自边缘至中心均匀捣压 15 次（图 1-7-2）。接着装第二层胶砂，装至高出圆模约 20mm，同样用小刀在垂直两个方向各划 5 次，再用圆柱捣棒自边缘至中心均匀捣压 10 次（图 1-7-3）。捣压后胶砂应略高于试模。捣压深度，第一层捣至胶砂高度的 1/2，第二层捣至不超过已捣实的底层表面。装胶砂和捣压时，用手扶稳试模，不要使其移动。

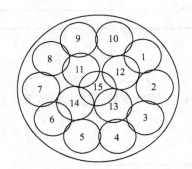

图 1-7-2　第一层捣压位置示意图

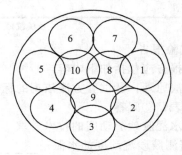

图 1-7-3　第二层捣压位置示意图

3. 测试

捣压完毕，取下模套，将小刀倾斜，从中间向边缘分两次以近水平的角度将高出截锥圆模的胶砂抹去，并擦去落在桌面上的胶砂。将圆模垂直向上轻轻提起，立刻开动跳桌，以每秒一次的频率，在（25±1）s 内完成 25 次跳动。

跳动完毕，用卡尺测量水泥胶砂底部扩散的直径，取相互垂直的两直径的平均值（取整数）为该水量时的水泥胶砂流动度，用毫米表示。

流动度试验从胶砂加水开始到测量扩散直径结束，应在 6min 内完成。

4. 记录所测试结果

三、水泥胶砂流动度测定的训练与考核

（一）训练的基本要求

1. 检查内容

检查水泥试样、拌合水、标准砂、称样天平、胶砂搅拌机、跳桌、卡尺等是否符合使用状况，记录试验室的温度和湿度。

2. 填写试验表格

试验时应严格遵守标准规定的测定步骤，按下列形式如实填写试验原始记录表。

表格编号：_____

检测项目名称：_____　　　　共　页　第　页

委托编号：_____　样品来源：_____　样品编号：_____

水泥产地品牌：_____　　　　　　　　品种等级：_____

水泥出厂编号：_____　　　　　　　　取样日期：_____年_____月_____日

送检日期：_____年_____月_____日　　　　　　检验日期：_____年_____月_____日

检验依据：_____

仪器名称与编号：_____

检测地点：_____　温度：_____　湿度：_____

检测前仪器状况：_____　　检测后仪器状况：_____

测定次数	水/g	水泥/g	标准砂/g	流动度/mm
1				
2				
3				
流动度结果	水灰比：	胶砂流动度/mm：		
备注				

操作员　　　　　　　校核教师　　　　　　　　　　　　年　月　日

3. 试验报告

试验报告应包括如下内容：

①方法原理；②试验方法依据的标准；③仪器设备；④试验步骤；⑤试验结果；⑥试验原始记录表；⑦问答。

（1）水泥胶砂流动度的技术要求

① 需测胶砂流动度的水泥是_____。

② 胶砂制备的程序要求是_____。

③ 当胶砂流动度小于_____，则需以_____的整倍数递增的方法将水灰比调整至胶砂流动度_____，并以此时的水灰比进行强度试验。

④ 装模插捣时，第一次插捣的次数为_____，第二次插捣的次数为_____；在每次插捣前均需_____。

⑤ 捣压完毕，取下模套，将小刀倾斜，从_____将高出截锥圆模的胶砂抹去，并擦去落在桌面上的胶砂。将圆模_____轻轻提起。立刻开动跳桌，以每秒一次的频率，在_____完成 25 次跳动。

⑥ 流动度试验从胶砂加水开始到测量扩散直径结束，应在_____内完成。

（2）水泥胶砂流动度设备的身份参数

① 跳桌：生产厂家_____；仪器型号_____；

出厂编号与日期_____；落距_____；跳动频率_____。

② 卡尺：生产厂家_____；仪器型号_____；

出厂编号与日期_____；量程_____；分度值_____。

③ 天平：生产厂家_____；仪器型号_____；

出厂编号与日期_____；量程_____；分度值_____。

（二）流动度试验操作时应注意的事项

① 如跳桌在 24h 内未使用，应先空跳一个周期 25 次。

② 插捣时力度、位置要均匀，力量大小要适当。

③ 装胶砂和捣压时，用手扶稳试模，切勿使其试模移动。

④ 胶砂搅拌结束后应立即进行流动度测定，动作要快，装模、插捣、测量等工作应在 2min 内完成。否则，流动度随时间延长而减小。

（三）训练与考核的技术要求和评分标准

操作训练与考核项目：水泥胶砂流动度

学生姓名_____，班级_____，学号_____

考核项目：流动度　　　　　　　　　　　　时间要求：6min

技术要求	配分	评分细则 括弧内的数字为该项分值，否则取平均分	得分
仪器设备检查	15（分）	①跳桌、搅拌机检查（10） ②湿布擦拭搅拌锅、叶片（5）	
试样准备	15（分）	①水泥试样量符合要求（5） ②核实标准砂的质量（5） ③加水量符合要求（5）	
操作步骤	50（分）	①加料顺序正确（5） ②用湿布擦拭跳桌台面、捣器、截锥圆模和模套内壁（5） ③第一层装料高度符合规定（5） ④第一层划实与插捣符合要求（5） ⑤第二层装料高度符合规定（5） ⑥第二层划实与插捣符合要求（5） ⑦装料与插捣时试模不移动（5） ⑧跳动后胶砂基本成圆形（5） ⑨测量直径的方法符合要求（5） ⑩在规定时间内完成试验（5）	
安全文明操作	20（分）	①操作台面整洁（10） ②无安全事故（10）	

实际操作时间（min）：　　　　　　　　　超时扣分（3分/min）：

评分：　　　　　　　　　　　　　　　　　教师（签名）：

（四）讨论与总结

1. 讨论及总结内容

简述水泥胶砂流动度试验方法原理、仪器设备、操作步骤及其相应的技术要求。

2. 操作应注意的事项

结合操作时应注意的事项，讨论影响水泥胶砂流动度试验的主要因素及其控制方法。

（1）操作的影响

① 装料时试模底漏浆。插捣时用力过大，多练积累经验。

② 跳动时胶砂层散落或向一边垮塌。插捣时力度不够或用力不匀，多练积累经验。

③ 试验时间超时。装模、插捣动作慢，多练。

④ 装模、插捣时试模移动。操作时用手扶稳模套。

⑤ 跳动后胶砂层形状与圆形相差较大。插捣的力度与位置不均齐，多练积累经验；或桌面安装倾斜，检查圆桌面的水平度。

（2）仪器设备的影响　国家标准对水泥胶砂流动度试验所用设备的技术要求有明确的规定。

① 跳桌的技术要求如下。

a. 跳桌跳动部分总质量要求 4.35kg±0.15kg，在使用中应严格控制。

b. 跳桌跳动的落距要求是 10.0mm±0.2mm，要用制造厂生产的专用测量尺测定落距，不合规定时应调整到位。

c. 跳桌安装基座为混凝土整体结构。跳桌在使用后每半年应全面检查，如不合要求应及时调整。跳桌的计量检定周期为每年一次。

② 卡尺：量程不小于 300mm，分度值不大于 0.5mm。

③ 天平：量程不小于 1000g，分度值不大于 1g。

四、阅读与了解

如何提高水泥物理检验的准确性？

水泥物理检验误差主要由仪器设备、试验条件和试验操作等方面原因造成的。因此，减少物理试验误差必须从这三个方面入手。

1. 实行各种仪器设备的标准化管理

检验水泥物理性能应选择标准的仪器设备，并在使用中经常注意定时检测和维护，以保证所用仪器设备准确可靠。仪器设备的各种技术参数及性能必须达到国家标准要求。主要设备如压力机、抗折机和胶砂试体成型设备等，一般应根据建材主管部门所指定的生产厂家定点购置。

各种设备如搅拌机、振实台、试模、跳桌、维卡仪、勃氏仪、标准筛、李氏瓶等，必须按国标要求定期进行检验。对超出标准要求误差范围的设备要及时进行维修和更换。抗折机和抗压机必须按标准要求定期请标准局标定。抗折夹具和抗压夹具对强度结果的影响非常大，因此，在更换新夹具时，必须按照标准规定认真检查，同时进行新旧夹具的对比试验，以保证试验结果的准确性；平时，要选择一副抗折和抗压夹具作为标准夹具，用以定期校正所使用夹具的准确性。

2. 按国家标准严格控制试验条件

水泥物理检验中的试验条件，主要包括水泥试样的保存条件，标准砂和试验水的质量以及试件成型养护条件。试验条件的优劣与检验结果关系极大，试验中，必须按国家标准要求严格控制，特别对试件养护条件，更应时时注意，经常检查，以将试验室、养护箱和养护水的温度控制在标准允许的正常范围内。

水泥物理试验条件要求如下。

（1）试验室　温度（20±2）℃，相对湿度不小于 50%，至少每天记录一次。

（2）养护箱　（雾室）（20±1）℃，相对湿度不小于 90%，至少每 4h 记录一次，在自动控制情况下记录次数可酌减为一天记录二次。

（3）养护水池　（20±1）℃，至少每天记录一次。

水泥物理试验应该建立地下室，以满足胶砂成型试验及试体养护过程中的温、湿度要求。为达到标准规定的试验环境条件（如温、湿度等），有条件的要在地下室安装空调，或安装冷风机及电暖器等，以利于严格控制试验室的温、湿度，减少试验误差。

3. 减少试验操作误差

在水泥物理试验中，从样品混合、试件制作、养护和检验整个过程，每个操作环节，对试验结果都可产生影响。因此，正确、熟练和统一的试验操作是提高试验准确性的重要保证。工作中，必须严格按标准规定的操作规程进行操作，尽量减少试验操作误差。

各种仪器设备的布置必须根据设备本身要求，又遵循便于操作、便于维修又安全可靠的原则安排合适的位置；试验台的高度必须适宜以利于操作。

试验前水泥式样、标准砂、拌合水和试验用具必须与试验室温度一致。

水泥物理检验试验的允许误差如表 1-7-1 所示。

表 1-7-1 水泥物理检验试验允许误差

试验项目 ＼ 允许误差	同一试验室不大于	不同试验室不大于	误差类别
水泥密度	±0.02g/cm³	±0.02g/cm³	绝对误差
水泥比表面积	±3.0%	±5.0%	相对误差
45μm 筛余	筛余不大于 20.0%时 为±1.0% 筛余大于 20.0%时 为±2.0%	筛余不大于 20.0 %时 为±1.5% 筛余大于 20.0%时 为±2.5%	绝对误差
80μm 筛余	筛余不大于 5.0%时 为±0.5% 筛余大于 5.0%时 为±1.0%	筛余不大于 5.0 %时 为±1.0% 筛余大于 5.0%时 为±1.5%	绝对误差
标准稠度用水量	±3.0%	±5.0%	相对误差
凝结时间	初凝：±15min 终凝：±30min	初凝：±20min 终凝：±45min	绝对误差
抗折强度	±7.0%	±9.0%	相对误差
抗压强度	±5.0%	±7.0%	相对误差
胶砂流动度	±5mm	±8mm	绝对误差

附 关于相对湿度与干湿球温度计

一定温度下，空气的干湿程度，可以用空气中所含水汽的密度（即单位体积所含水汽的质量）来表示。由于直接测量空气的湿度比较困难，通常用空气里水汽压强来表示空气的干湿程度。

某温度下空气中所含水汽的压强跟同一温度下饱和水汽压强的百分比称为这一温度下空气的相对湿度。

干湿球温度计由两个相同的温度计组成，其中一支包着纱布，纱布下端浸入水中。如果空气中水汽处于饱和状态，两个温度计所示温度相同。如果空气中水汽没有饱和，包纱布的温度计上的水蒸发，其温度就偏低。在一定空气温度时，这个差越大，空气就越干燥，空气相对湿度就越小；反之，空气相对湿度就越大。根据干湿球温度计所示温度和干、湿球温度差查表 1-7-2 求出空气的相对湿度。

表 1-7-2　相对湿度表

相对湿度/% 干球温度/℃	干湿球温度差/℃										
	0	1	2	3	4	5	6	7	8	9	10
0	100	81	63	45	28	11					
2	100	84	63	51	35	20					
4	100	85	70	56	42	28	14				
6	100	86	73	60	47	35	23	10			
8	100	87	75	63	51	40	28	18	7		
10	100	88	76	65	54	44	34	24	14	4	
12	100	89	78	68	57	48	38	29	20	11	
14	100	90	79	70	60	51	42	33	25	17	9
16	100	90	81	71	62	54	45	37	30	22	15
18	100	91	82	73	64	56	48	41	34	26	20
20	100	91	83	74	66	59	51	44	37	30	24
22	100	92	83	76	68	61	54	47	40	34	28
24	100	92	84	77	69	62	56	49	43	37	31
26	100	92	85	78	71	64	58	50	45	40	34
28	100	93	85	78	72	65	59	53	48	42	37
30	100	93	86	79	73	67	61	55	50	44	39
32	100	93	86	80	74	68	62	57	51	46	41
34	100	93	87	81	75	69	63	58	53	48	43
36	100	94	87	81	75	70	64	59	54	50	45

复习思考题

1. 简述水泥的生产过程、水泥熟料主要矿物的特性以及水泥合格性的判定规则。

2. 指出下列各符号的含义：

(1) GB；(2) GB/T；(3) ISO；(4) P•O；(5) P•Ⅱ；(6) C_3S；(7) JGJ。

3. 水泥有哪些基本物理性能？

4. 试比较水泥密度与堆积密度的差异。简述影响水泥密度的因素。

5. 细度的表示方法有哪些？筛余百分数和比表面积表示的水泥细度各有何特点？国家标准对水泥细度的规定是什么？

6. 简述水泥细度与强度的关系。

7. 简述用标准法和代用法测定水泥标准稠度用水量的异同。

8. 水泥的标准稠度是如何规定的？

9. 什么叫水泥的凝结时间？国家标准对水泥的凝结时间是如何规定的？水泥的凝结状态是如何规定的？水泥凝结的不正常现象及其特征是什么？

10. 影响水泥体积安定性的因素及其原因是什么？试述雷氏夹法和试饼法的异同，它们各自测定的是何种成分？对安定性的影响如何？

11. 简述沸煮法原理及测定对象。

12. 简述雷氏夹合格性的检验方法。

13. 解释下列名词：

（1）水泥密度；（2）比表面积；（3）标准稠度；（4）水泥的体积安定性。

14. 在水泥强度检验中影响水泥强度试验精确性的主要因素有哪些？

15. 试述水泥养护池中的温度和水质对水泥强度发展的影响。

16. 简介我国现行国家标准关于水泥胶砂强度的检验方法。

17. 简述水泥胶砂强度试验的水灰比的调整方法。

18. 李氏瓶经恒温液面为零，称取 60.08g 水泥按规定方法装入瓶内，并恒温后液面读数为 19.50mL，计算水泥的密度。

19. 已知水泥密度 $3.16g/cm^3$，筒体体积 $1.850cm^3$，试料层空隙率采用 0.500，做勃氏比表面积试验应称试样多少克？

20. 用标准法测水泥的标准稠度用水量加水 136mL 时，已知试杆下沉 34mm。试问，此时净浆是否达到标准稠度？如达到，计算此水泥的标准稠度用水量。

21. 固定水量法测水泥的标准稠度用水量，已知试锥下沉深度为 37mm。计算该水泥的标准稠度用水量。如需测该水泥的凝结时间，如何配制水泥净浆？

22. 用负压法对水泥细度进行合格评定，筛余物分别为 2.1g 和 2.3g，筛的修正系数为 1.15，水泥细度是否符合国标要求？为什么？

23. 调整水量法测水泥的标准稠度用水量加水 132mL 时，已知试锥下沉深度为 29mm。试问此时净浆是否达到标准稠度？该水泥的标准稠度用水量为多少？如要检验该水泥的体积安定性，如何配制水泥净浆？

24. 某试样 3 条试块抗折强度分别为 7.6MPa、7.2MPa、7.2MPa。试计算试样的抗折强度。

25. 当确定胶砂成型的水灰比为 0.51 时，计算出每成型 3 条试体的拌合水量是多少毫升？

26. 水泥强度抗压试验，压力试验机量程单位 0.5kN/格，试验时加荷速度如何控制？

27. 雷氏夹法测水泥的安定性，沸煮前雷氏夹指针尖端的距离分别为 11mm 和 12mm，沸煮后对应的数据分别为 13mm 和 18.5mm。试判断：该水泥的安定性是否合格？

28. 矿渣水泥强度试验原始记录如下。计算试验结果，并确定该水泥的强度等级。

编号	抗折				抗压			
	3d		28d		3d		28d	
	数据/MPa	结果/MPa	数据/MPa	结果/MPa	数据/kN	结果/MPa	数据/kN	结果/MPa
Ⅰ	3.68 3.53 3.23		6.75 6.66 6.50		24.0 21.7 20.9 21.2 19.8 21.9		68.9 66.4 69.8 76.3 68.5 67.4	
编号Ⅰ强度等级评定：			备注					
Ⅱ	2.89 3.03 3.03		5.96 6.03 5.88		29.5 28.6 29.9 30.2 30.5 29.6		68.5 67.6 69.2 66.3 68.9 69.8	
编号Ⅱ强度等级评定：			备注					

29. 用雷氏夹法检验水泥体积安定性试验记录如下。填写试验结果，并对结论作出适当的说明。

水泥编号	雷氏夹号	煮前指针距离 A/mm	煮后指针距离 C/mm	增加距离 C—A/mm	两个结果差值/mm	平均值/mm	结果判定
A	1	12.0	15.0	3.0			
	2	11.0	14.5	3.5			
B	1	11.0	14.0	3.0			
	2	11.5	18.0	6.5			
C	1	12.0	14.0	2.0			
	2	12.0	19.0	7.0			
D	1	12.5	18.0	5.5			
	2	11.0	17.0	6.0			

第二章
混凝土的物理性能与检验

引言　混凝土的基本知识

混凝土材料是世界上用量最大的一种工程材料，广泛应用于房地产、道路、桥梁、水利、国防工程等领域。

从广义上讲，混凝土是由胶凝材料、颗粒状的粗细骨料和水（必要时掺入一定数量的外加剂和矿物质超细粉材料）按适当比例配制，经过搅拌、密实成型、养护、硬化后制得的人工石材。

1. 混凝土的分类

混凝土可以从不同角度进行分类。

① 按胶凝材料划分，有水泥混凝土、沥青混凝土、水玻璃混凝土、聚合物混凝土等。

② 按体积密度划分，有特重混凝土（$\rho_0 > 2500\text{kg/m}^3$）、重混凝土（$\rho_0 = 1900 \sim 2500\text{kg/m}^3$）、轻混凝土（$\rho_0 = 600 \sim 1900\text{kg/m}^3$）、特轻混凝土（$\rho_0 < 600\text{kg/m}^3$）。

混凝土的体积密度取决于骨料的种类及混凝土本身的密实度，混凝土的许多性质与其体积密度有关。

③ 按性能特点与用途划分，有结构混凝土、水工混凝土、道路混凝土、特种混凝土（耐热、耐酸、防辐射混凝土等）。

④ 按施工方法划分，有现浇混凝土、预制混凝土、泵送混凝土、喷射混凝土等。

在建筑工程中，应用最为广泛的是以水泥为胶凝材料，以砂、石为骨料，加水拌制成混合物，经过一定时间硬化而成的水泥混凝土。水泥混凝土又称为普通混凝土，经常简称为混凝土。

普通混凝土的基本组成材料是水泥、水、砂、石。一般砂、石占混凝土总体积的80%以上，构成混凝土的骨架，主要起骨架作用，能抵抗因水泥浆干缩产生的体积变形，故分别称为细骨料和粗骨料。水泥加水形成水泥浆，包裹在砂粒表面并填充砂粒间的空隙形成水泥砂浆，水泥砂浆又包裹石子并填充石子间的空隙而形成混凝土（图 2-0-1）。水泥浆在凝结前起润滑作用，使混凝土拌合物具有良好的施工性能，以利于混凝土的搅拌、运输、成型，方便施工；凝结硬化后，将骨料胶结为一个坚实的整体成为人造石材。

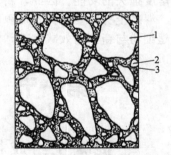

图 2-0-1　普通混凝土结构示意图
1—粗骨料；2—细骨料；3—水泥浆

2. 混凝土的特点

混凝土能成为世界上用量最大的一种工程材料，是由于它有许多独特的技术和经济性能。

（1）使用制作方便　新拌制的混凝土拌合物具有良好的可塑性，可浇注成各种形状和尺寸的构件及结构物。

（2）材料来源广泛，价格低廉　原材料丰富且可就地取材，其中占混凝土总体积的80％以上的砂、石材料资源丰富，有效降低了混凝土的制作成本，符合经济原则。

（3）高强耐久　现代混凝土的抗压强度可达 100MPa 以上，同时具备较高的抗渗、抗冻、抗腐蚀性能，其耐久年限可达百年以上。

（4）性能易调　改变组成材料的品种和数量，可以制成不同性能的混凝土，以满足工程上的不同要求；更可以用钢筋增强，制成钢筋混凝土，以弥补其抗拉强度和抗折强度低的缺点，满足各种结构工程的需要。

（5）有利于环保　混凝土可以充分利用各种工业废料，如矿渣、粉煤灰等，降低环境污染。

其主要缺点是自重大、抗拉强度低、呈脆性、易产生裂缝、拆除废弃物再生利用性差等。

3. 混凝土的基本要求与发展方向

在建筑工程中，混凝土应用的基本要求是：

① 满足混凝土搅拌、浇筑、成型施工过程中所需要的工作性要求；

② 满足结构安全和施工不同阶段所需要的强度要求；

③ 满足工程在使用环境中的耐久性要求；

④ 满足节约水泥，降低成本的经济性要求。

当前，混凝土技术发展有两个重要方向：一是发展高强度、高性能混凝土，也就是通常所说的 HPC；二是使普通混凝土高性能化，使其使用寿命由 40～45 年延长至 60～70 年。混凝土沿着这两个方向发展的物质基础则是多功能的高效减水剂与矿物质超细粉。矿物质超细粉是指粒径小于 $10\mu m$ 的粉体材料，如硅灰、超细矿渣、超细粉煤灰等。这些矿物质超细粉掺入到水泥中后，能改善水泥的颗粒级配，填充水泥颗粒间的空隙，降低空隙体积，提高水泥浆体的流动性，提高水泥石的密实度，提高混凝土的抗渗性和耐久性，使 HPC 的使用寿命达百年以上。对于普通混凝土，以矿物质超细粉取代部分水泥后，可以减少泌水、离析与分层，改善混凝土的内部结构，提高抗渗性和耐久性，延长混凝土的使用寿命。因此，矿物质超细粉被认为是混凝土的第 6 组分。

减水剂早已被人们认为是混凝土的第 5 组分。但是对于混凝土新技术来说，对减水剂不仅要求减水，还要求它应具有对水泥粒子的分散性好、减水率高、提高耐久性，并具有控制坍落度损失的功能。因此，新型高效减水剂成为发展的方向。

混凝土材料要达到省资源、省能源以及长寿命的目的，重要的是广泛而有效地利用矿物质超细粉与新型高效减水剂，以及采取合理的配比与优良的施工质量。

第一节　普通混凝土的组成材料

一、混凝土组成材料的技术要求

（一）水泥

水泥是决定混凝土成本的主要材料，同时又起到润滑、黏结、填充等重要作用，故配制混凝土时，如何正确选择水泥直接关系到工程的安全性、耐久性和经济性。水泥的选用主要考虑水泥的品种和强度等级两个方面。

1. 水泥品种的选择

配制混凝土时，应根据工程本身的特点和所处的环境条件，结合各品种水泥自身的特性作出合理的选择。详见以下分类。

混凝土工程特点及环境条件	优先选用	可以使用	不宜使用
普通气候环境中的混凝土	普通水泥	矿渣水泥 火山灰质水泥 粉煤灰水泥 硅酸盐水泥	
干燥环境中的混凝土	普通水泥	矿渣水泥	火山灰质水泥 粉煤灰水泥
高湿度环境中或永远处于 水下的混凝土	矿渣水泥	普通水泥 火山灰质水泥 粉煤灰水泥 复合水泥	
厚大体积混凝土	矿渣水泥 火山灰水泥 粉煤灰水泥 复合水泥	普通水泥	硅酸盐水泥

2. 水泥强度等级的选择

水泥的强度等级应与混凝土的设计强度等级相适应。原则上配制高强度等级的混凝土，选用高强度等级的水泥；配制低强度等级的混凝土时选用低强度等级的水泥。若水泥强度过高，水泥的用量就会偏少，从而影响混凝土拌合物的工作性；反之，水泥强度过低，则可能导致混凝土的最终强度偏低，从而影响工程的安全性和耐久性。

（二）拌合用水

混凝土的拌合用水按水源可分为饮用水、地表水、地下水、海水、再生水。拌合用水所含物质对混凝土、钢筋混凝土、预应力混凝土不应产生以下有害作用：

① 影响混凝土的工作性及凝结；

② 妨碍混凝土强度的发展；

③ 降低混凝土的耐久性，加快钢筋腐蚀及导致预应力钢筋脆断；

④ 污染混凝土表面。

根据以上要求，符合国家标准的生活用水（自来水、江河水、湖水）可直接拌制各种混凝土。在无法获得其他水源的情况下，海水可用于拌制素混凝土。其他水源的水质使用前应按表 2-1-1 的规定进行检测，有关指标在限值内才可作为拌合用水。

表 2-1-1　混凝土拌合用水水质要求（JGJ 63—2006）

项目	预应力混凝土	钢筋混凝土	素混凝土
pH 值	$\geqslant 5.0$	$\geqslant 4.5$	$\geqslant 4.5$
不溶物 /（mg/L）	$\leqslant 2000$	$\leqslant 2000$	$\leqslant 5000$
可溶物 /（mg/L）	$\leqslant 2000$	$\leqslant 5000$	$\leqslant 10000$
Cl^- /（mg/L）	$\leqslant 500$	$\leqslant 1000$	$\leqslant 3500$
SO_4^{2-} /（mg/L）	$\leqslant 600$	$\leqslant 2000$	$\leqslant 2700$
碱含量 /（mg/L）	$\leqslant 1500$	$\leqslant 1500$	$\leqslant 1500$

（三）骨料

普通混凝土用骨料按粒径大小分为两种，粒径大于 4.75mm 的称为粗骨料，粒径小于 4.75mm 的称为细骨料。

普通混凝土中所用细骨料有天然砂和人工砂两种。

由天然岩石（不包括软质岩石、风化岩石）经自然风化、水流搬运和分选、堆积等自然条件形成的为天然砂。根据产源地不同，天然砂可分为河砂、湖砂、山砂和淡化海砂四类。河砂、湖砂洁净、无风化、颗粒表面圆滑，材质最好；山砂风化严重，泥块、有机杂质、轻物质含量较多，质量最差；海砂中常含有贝壳等杂质，所含氯盐、硫酸盐、镁盐会引起混凝土的腐蚀，质量次之。天然砂的过度开采会危及河道、山体的安全，引发地质灾害，还会危害水生动植物的生态环境，造成某些水生动植物的灭绝。为了减少人类活动对自然环境的破坏，工业发达国家很早就开始使用人工砂，我国在 2001 年公布的《建筑用砂》（GB/T 14684—2001）国家标准中首次明确了人工砂的地位。

经除土处理，由机械破碎、筛分制成的，粒径小于 4.75mm 的岩石颗粒，但不包括软质岩石、风化岩石的颗粒称为机制砂，俗称人工砂。在采矿及其加工工业中产生的尾尘和由石材粉碎生产的机制砂的推广使用，既有效利用了资源又保护了环境，可形成综合利用的效益。

普通混凝土中所用粗骨料有碎石和卵石两种。常将经人工机械破碎、筛分制成的石子称为碎石；而将天然形成的石子称为卵石，按其产源地不同，又分为河卵石、海卵石和山卵石。两种粗骨料各有特点，卵石天然形成，表面光滑，混凝土拌合物的流动性较碎石的要好，但与水泥浆的黏结力差较碎石的要差，强度较低。

我国在《建设用砂》（GB/T 14684—2011）和《建设用卵石、碎石》（GB/T 14685—2011）中规定，建筑用砂石按技术质量要求分为Ⅰ类、Ⅱ类、Ⅲ类。Ⅰ类宜用于强度等级大于 C60 的混凝土；Ⅱ类宜用于强度等级 C30～C60 及有抗冻、抗渗或其他要求的混凝土；Ⅲ类只用于强度等级小于 C30 的混凝土和建筑砂浆。具体的技术质量要求概括介绍如下。

1. 泥、泥块和石粉含量

泥是指骨料中粒径小于 0.075mm 的尘屑、淤泥及黏土。

泥块在细骨料中是指粒径大于 1.18mm，经水洗、手捏后变成小于 0.60mm 的淤泥及黏土颗粒；在粗骨料中则指粒径大于 4.75mm，经水洗、手捏后变成小于 2.36mm 的淤泥及黏土颗粒。

骨料中的泥颗粒极细，会黏附在骨料表面，影响水泥石与骨料之间的胶结，同时其需水性较大，使混凝土的拌合水量加大，降低混凝土的强度和耐久性。而泥块则会在混凝土中形成薄弱部分，对混凝土的质量影响更大。据此，GB/T 14684—2011 和 GB/T 14685—2011 对骨料中的泥和泥块含量进行了严格限制，参见表 2-1-2。

表 2-1-2　砂、石中的泥和泥块含量的限制（GB/T 14684—2011，GB/T 14685—2011）

项目		指标		
		Ⅰ类	Ⅱ类	Ⅲ类
含泥量（按质量计算）/%	砂	≤1.0	≤3.0	≤5.0
	石	≤0.5	≤1.0	≤1.5
泥块含量（按质量计算）/%	砂	0	≤1.0	≤2.0
	石	0	≤0.2	≤0.5

石粉是指机制砂中粒径小于 0.075mm 的颗粒。石粉的粒径虽小，但与天然砂中的泥成

分不同，其粒径分布（40～70μm）对完善混凝土细骨料的级配，提高混凝土的密实度，进而提高混凝土的整体性能有促进作用。但石粉含量过多，又增加了混凝土的需水性，妨碍混凝土性能的发展。因此，人工砂中石粉的含量也要限制。

2. 有害物质含量

在骨料的生成过程中，由于环境的作用，常混有对混凝土性能不利的物质，以天然砂尤为严重。依据 GB/T 14684—2011 和 GB/T 14685—2011 中的规定，骨料中不应混有草根、树叶、树枝、塑料、煤块、炉渣等杂物。其他有害物质，包括云母、轻物质、有机物、硫化物和硫酸盐、氯盐的含量应符合表 2-1-3 的规定。

表 2-1-3 骨料中有害物质限量（GB/T 14684—2011，GB/T 14685—2011）

项目		指标		
		Ⅰ类	Ⅱ类	Ⅲ类
硫化物及硫酸盐含量（折算成 SO_3，按质量计）/%	砂	≤0.5	≤0.5	≤0.5
	石	≤0.5	≤1.0	≤1.0
有机物含量（用比色法试验）	砂和石	合格	合格	合格
云母含量（按质量计）/%	砂	≤1.0	≤2.0	≤2.0
轻物质含量（按质量计）/%	砂	≤1.0	≤1.0	≤1.0
氯化物含量（按氯离子质量计）/%	砂	≤0.01	≤0.02	≤0.06
贝壳（按质量计）/%	海砂	≤3.0	≤5.0	≤8.0

（1）云母及轻物质 云母是砂中常见的矿物，呈薄片状，极易分裂和风化，会影响混凝土的工作性和强度。轻物质是指表观密度小于 $2000kg/m^3$ 的矿物（如煤或轻砂），其本身与水泥黏结不牢靠，会降低混凝土的强度和耐久性。

（2）有机物 有机物是指天然骨料中混杂的动植物的腐殖质或腐殖土等。有机物减缓水泥的凝结，影响混凝土的强度。

（3）硫化物和硫酸盐 骨料中的硫化物和硫酸盐会与水泥石中的水化产物反应生成体积膨胀的钙矾石，造成水泥石开裂，降低混凝土的耐久性。

（4）氯盐 氯盐会对钢筋造成锈蚀，促使钢筋混凝土的破坏。所以对配制钢筋混凝土，尤其是预应力混凝土的骨料中氯离子的含量要严加控制。

3. 坚固性

骨料的坚固性是指在自然风化和其他外界物理力学因素作用下，骨料抵抗破裂的能力。按规定通常采用硫酸钠溶液浸泡法检验，试样经 5 次循环浸渍后，其质量损失应符合表 2-1-4 的规定。人工砂的坚固性除满足表 2-1-4 的要求外，还应采用压碎指标法进行检验，压碎指标应符合表 2-1-5 的规定。

表 2-1-4 骨料坚固性指标（GB/T 14684—2011，GB/T 14685—2011）

项目		指标		
		Ⅰ类	Ⅱ类	Ⅲ类
质量损失/%	砂	≤8	≤8	≤10
	石	≤5	≤8	≤12

4. 强度

骨料的强度是指粗骨料的强度。粗骨料在混凝土中要形成坚实的骨架，其强度要满足一定的要求。碎石的强度可用抗压强度和压碎指标值表示，卵石的强度只用压碎指标值表示。

（1）岩石抗压强度　在水饱和状态下，其抗压强度火成岩应不小于80MPa，变质岩应不小于60MPa，水成岩应不小于30MPa。

（2）压碎指标　压碎指标是对粗骨料强度高低的另一种判别方法。该方法操作简便，在实际生产中应用较普遍。碎石和卵石的压碎指标值应符合规定表2-1-5的规定。

表 2-1-5　砂、石的压碎指标（GB/T 14684—2011，GB/T 14685—2011）　　单位：%

项目	指标		
	Ⅰ类	Ⅱ类	Ⅲ类
人工砂单级最大压碎指标	≤20	≤25	≤30
碎石压碎指标	≤10	≤20	≤30
卵石压碎指标	≤12	≤14	≤16

5. 针、片状颗粒

指粗骨料中细长的针状颗粒与扁平的片状颗粒。颗粒长度大于所属粒级平均粒径2.4倍的为针状颗粒；厚度小于平均粒径0.4倍的为片状颗粒。针片状颗粒不仅本身容易折断，影响混凝土的强度，而且会增加骨料的空隙率，并影响拌合物的工作性。所以在《建设用卵石、碎石》（GB/T 14685—2011）中规定了针、片状颗粒的含量，参见表2-1-6。

表 2-1-6　粗骨料中针、片状颗粒允许含量（GB/T 14685—2011）

项目	指标		
	Ⅰ类	Ⅱ类	Ⅲ类
针、片状颗粒允许含量（按质量计）/%	≤5	≤10	≤15

6. 海砂中的贝壳含量

海砂中扁平的贝壳不仅本身容易折断，影响混凝土的强度，而且会增加细骨料的空隙率，并影响拌合物的工作性。在《普通混凝土用砂、石质量及检验方法标准》（JGJ 52—2006）中也规定了海砂中的贝壳含量，参见表2-1-7。

表 2-1-7　海砂中的贝壳含量（JGJ 52—2006）

混凝土强度等级	≥C40	C35～C30	C25～C15
贝壳含量（按质量计）/%	≤3	≤5	≤8

7. 表观密度、堆积密度、空隙率

按《建设用砂》（GB/T 14684—2011）中规定，砂的表观密度不小于2500kg/m³，松散堆积密度不小于1400kg/m³；空隙率不大于44%。

《建设用卵石、碎石》（GB/T 14685—2011）中规定，卵石、碎石表观密度不小于2600kg/m³，连续级配松散堆积孔隙率Ⅰ类、Ⅱ类、Ⅲ类分别不大于43%、45%、47%。

8. 粗细程度和颗粒级配

骨料的粗细程度是指不同粒径的骨料颗粒混合后总的粗细程度。在混凝土中，水泥浆是通过骨料颗粒表面来实现有效黏结的，骨料的总表面积越小，水泥用量越少。骨料的颗粒级配是指不同大小骨料颗粒的搭配情况。不同粒径颗粒的合理搭配，能使颗粒之间的空隙相互逐级填充，可以减小骨料颗粒间的空隙率，这样不仅能减少水泥的用量，而且能提高混凝土的密实度、强度和耐久性。

(1) 砂的粗细程度与颗粒级配　　砂的粗细程度用细度模数 M_x 表示，按下列公式计算：

$$M_x = \frac{(A_2 + A_3 + A_4 + A_5 + A_6) - 5A_1}{100 - A_1}$$

式中　A_1，A_2，A_3，A_4，A_5，A_6——累计筛余百分数，%，由砂的筛分析试验确定。

细度模数越大，表示砂越粗。普通混凝土用砂的细度模数范围一般在 3.7～1.6。在《建设用砂》(GB/T 14684—2011) 中，按细度模数 M_x 的大小将砂划分为粗砂 (M_x=3.7～3.1)、中砂 (M_x=3.0～2.3)、细砂 (M_x=2.2～1.6) 三级。而在《普通混凝土用砂、石质量及检验方法标准》(JGJ 52—2006) 中，按细度模数 M_x 的大小将砂划分为粗砂 (M_x=3.7～3.1)、中砂 (M_x=3.0～2.3)、细砂 (M_x=2.2～1.6) 和特细砂 (M_x=1.5～0.7) 四级。

普通混凝土在可能情况下应选用粗砂或中砂，以节约水泥。但砂的细度模数并不能反映其级配的优劣。细度模数相同的砂，级配可以相差很大。所以，配制混凝土时还必须考虑砂的颗粒级配。

GB/T 14684—2011 规定，将砂的合理级配以 600μm 级的累计筛余百分数为准，划分为三个级配区，分别称为 1、2、3 区，并对不同类别的砂规定了级配区，见表 2-1-8。任何一种砂，只要其累计筛余百分数 A_1、A_2、A_3、A_4、A_5、A_6 分别分布在某同一级配区的相应累计筛余百分数的范围内，即为级配合理，符合级配要求。具体评定时，除 4.75mm 和 600μm 级外，其他级的累计筛余百分数允许稍有超出，但超出总量不得大于 5%。由表 2-1-8 中数值可见，在三个级配区内，只有 600μm 级的累计筛余百分数是不重叠的，故称其为控制粒级。控制粒级使任何一个砂样只能处于某一级配区内，避免出现同属两个级配区的现象。

表 2-1-8　砂颗粒级配区 (GB/T 14684—2011)

砂的分类	天然砂			机制砂		
级配区	1 区	2 区	3 区	1 区	2 区	3 区
方孔筛	累计筛余/%					
4.75mm	10～0	10～0	10～0	10～0	10～0	10～0
2.36mm	35～5	25～0	15～0	35～5	25～0	15～0
1.18mm	65～35	50～10	25～0	65～35	50～10	25～0
600μm	85～71	70～41	40～16	85～71	70～41	40～16
300μm	95～80	92～70	85～55	95～80	92～70	85～55
150μm	100～90	100～90	100～90	97～85	94～80	94～75
类别	Ⅰ		Ⅱ		Ⅲ	
级配区	2 区		1、2、3 区			

评定砂的级配，也可以采用作图法，即以筛孔直径为横坐标，以累计筛余百分数为纵坐标，将表 2-1-8 规定的天然砂各级配区相应的累计筛余百分数的范围标注在图上形成级配区域，如图 2-1-1 所示。然后把某种砂的筛分析试验得到的累计筛余百分数 A_1、A_2、A_3、A_4、A_5、A_6 在图上依次描点连线，若所连折线都在某一级配区域内，即为级配合理。

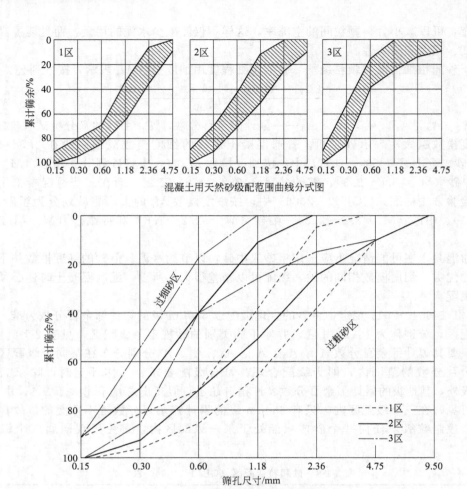

图 2-1-1　砂的级配区曲线

（2）石子的最大粒径和颗粒级配　石子中公称粒级的上限称为该粒级的最大粒径。石子的最大粒径增大，在质量相同时，其总面积减小。因此，从经济角度考虑，增大最大粒径可以节约水泥。所以，在条件许可的情况下，最大粒径尽可能选大一些。但还要考虑结构和施工的限制。

从结构上考虑，石子最大粒径应顾及建筑构件的截面尺寸和配筋密度。根据《混凝土结构工程施工质量验收规范》（GB 50204—2002）的规定，混凝土用的粗骨料，其最大颗粒粒径不得超过构件截面最小尺寸的 1/4，且不得超过钢筋最小净间距的 3/4。对混凝土实心板，骨料的最大粒径不宜超过板厚的 1/3，且不得超过 40mm。从施工上考虑，粒径过大，对运输和搅拌都不方便。即使从经济上来讲，有试验表明，只有当最大粒径小于 80mm 时，水泥用量会随最大粒径的增大而明显减小；而当最大粒径大于 150mm 时，节约水泥的效果不再明显。

综上所述，一般在水利、海港等大型工程中最大粒径通常采用 120mm 或 150mm，在房屋建筑工程中，一般采用 20mm、31.5mm 或 40mm。

石子的颗粒级配有连续粒级和单粒粒级两种，其级配也是通过筛分析试验确定的。其确定方法与砂的相同。碎石与卵石的颗粒级配应符合表 2-1-9 的规定。

表 2-1-9　碎石和卵石的颗粒级配的范围（GB/T 14685—2011）

公称粒级/mm		累计筛余/%											
		方孔筛/mm											
		2.36	4.75	9.50	16.0	19.0	26.5	31.5	37.5	53.0	63.0	75.0	90
连续粒级	5~16	95~100	85~100	30~60	0~10	0							
	5~20	95~100	90~100	40~80	—	0~10	0						
	5~25	95~100	90~100	—	30~70	—	0~5	0					
	5~31.5	95~100	90~100	70~90	—	15~45	—	0~5	0				
	5~40	—	95~100	70~90	—	30~65	—	—	0~5	0			
单粒粒级	5~10	95~100	80~100	—	0~15	0							
	10~16		95~100	80~100	0~15								
	10~20		95~100	85~100	—	0~15							
	16~25			95~100	55~70	25~40	0~10						
	16~31.5		95~100		85~100			0~10					
	20~40			95~100			80~100			0~10	0		
	40~80					95~100			70~100		30~60	0~10	0

　　在混凝土配合比设计中应优先选用连续级配。单粒粒级宜用于组合成具有要求级配的连续粒级，也可与连续粒级混合使用，以改善其级配。

（四）减水剂

　　在普通混凝土的组成材料中，除水、水泥、砂、石四种基本材料外，还有所谓的第五组分即外加剂。外加剂是指掺入量不大于 5%，但能按要求明显改善混凝土性能的材料。混凝土外加剂可改善新拌混凝土的和易性、调节凝结时间、改善可泵性、改变硬化混凝土强度发展速率、提高耐久性等。我国根据外加剂的主要功能将外加剂分为四大类，各有很多品种，如减水剂、缓凝剂、引气剂、防冻剂等都是外加剂，其中应用最多、最广泛的是减水剂。

　　减水剂是指在保持混凝土拌合物流动性基本相同的情况下，能减少拌合水量的外加剂，一般为可溶于水的有机物质。按其减水作用的大小，又分为普通减水剂和高效减水剂两大类，普通减水剂的减水率要求不低于 5%，主要有木质素磺酸盐类及丹宁，减水率为 5%~10%。高效减水剂的减水率要求不低于 10%，主要有多环芳香族磺酸盐类、水溶性树脂磺酸盐类、脂肪族类及其他类型的诸如改性木质素磺酸钙、改性丹宁，减水率在 12% 以上。

　　1. 减水剂的作用效果

　　（1）增大流动性　在原配合比不变的条件下，增加混凝土拌合物的流动性。

　　（2）提高强度　在保持流动性及水泥用量不变的情况下，因拌合水量的减少，从而提高混凝土的强度。

　　（3）节约水泥　在保持强度不变的条件下，因拌合水量的减少，从而使水泥的用量减少。

　　（4）其他效果　掺加减水剂还可改善混凝土拌合物的黏聚性和保水性；提高硬化混凝土的密实度，改善耐久性。

　　2. 减水剂的作用机理

　　如图 2-1-2 所示，减水剂属于表面活性物质。这类物质的分子有亲水端和憎水端两部分

[图 2-1-2（a）]。水泥加水拌和后，由于水泥矿物颗粒带有不同电荷，水泥颗粒相互吸引形成絮凝状结构 [图 2-1-2（b）]，把一部分拌合水包裹在其中，从而减少了提供流动性的水量。加入减水剂后，减水剂的憎水端定向吸附于水泥颗粒的表面，亲水端朝向水溶液，形成吸附水膜。由于减水剂分子的定向排列，使水泥颗粒表面带有相同电荷，在电斥力的作用下，水泥颗粒分散开来，由絮凝状结构变成散状结构 [图 2-1-2（c）、（d）]，从而将被包裹的水分释放出来，提高了混凝土拌合物的流动性。

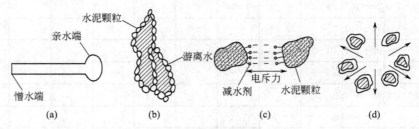

图 2-1-2　减水剂作用机理

3. 常用减水剂的经济技术效果

（1）FDN 减水剂　FDN 属多环芳香族磺酸盐类减水剂，是一种高效减水剂。常用的适宜掺量为 0.2%～1.0%，是目前应用较广泛的一种减水剂。其经济技术效果为：减水率 15%～20%；混凝土 28d 抗压强度可提高 20% 以上；在坍落度及 28d 抗压强度不变的情况下，可节约水泥 20% 左右。

（2）SM 减水剂　SM 减水剂属水溶性树脂磺酸盐类减水剂，是一种高效减水剂。常用的适宜掺量为 0.5%～2.0%。其经济技术效果为：减水率 20%～27%；混凝土 28d 抗压强度可提高 30%～60% 以上；在坍落度及 28d 抗压强度不变的情况下，可节约水泥 25% 左右。

（3）HSP 减水剂　HSP 减水剂属聚羧酸类减水剂，是一种高效减水剂。常用的适宜掺量为 0.5%～2.0%。其经济技术效果为：减水率 25%～35%；混凝土 28d 抗压强度可提高 40% 以上；在坍落度及 28d 抗压强度不变的情况下，可节约水泥 30% 左右。

4. 减水剂的常规检验项目

减水剂的常规检验项目包括掺减水剂混凝土性能指标和匀质性指标两大类。

① 掺减水剂混凝土性能指标主要有：减水率、泌水率比、凝结时间之差、抗压强度比、钢筋锈蚀、坍落度等。

② 匀质性指标主要有：含固量或含水量、密度、氯离子含量、水泥净浆流动度、pH 值、表面张力、水泥砂浆流动度等。

（五）掺合料

在混凝土中掺加的粉煤灰、矿渣粉、硅粉、钢渣、火山灰等矿物粉体材料统称为混凝土掺合料。它们大多为工业固体废弃物，掺加到混凝土中不但可以减轻对环境的危害，而且还能优化混凝土的性能，并且是高性能混凝土的必要组分。因此，掺合料被认为是混凝土的第 6 组分。

1. 粉煤灰

粉煤灰是燃煤电厂的煤经粉磨和燃烧后、从煤粉炉烟道气体中收集的粉末。我国火力发电厂主要以煤为燃料，目前每年粉煤灰达 1 亿吨以上，约有一半排入灰场堆积，另一部分排入江河湖海和大气之中。粉煤灰是最普遍而大宗的工业废渣之一，它的利用早已受到世界各国的重视，国外 20 世纪 30 年代就用粉煤灰配制混凝土。

（1）粉煤灰的化学成分与活性　粉煤灰的化学成分波动比较大，这主要是煤质的不同、锅炉技术参数不同、技术管理水平不同等造成的。详见下表。

粉煤灰的主要化学成分　　　　　　　　　　　　单位：%

SiO$_2$	Al$_2$O$_3$	Fe$_2$O$_3$	CaO	MgO	Na$_2$O	SO$_3$	残碳
33～60	16～35	2～12	1～10	1～4	1～3	0～11	1～24

　　粉煤灰具有火山灰性，其活性大小取决于 SiO$_2$、Al$_2$O$_3$ 和玻璃体含量，以及它们的细度。此外，残炭的含量也影响其质量。

　　（2）粉煤灰对混凝土的性能的优化作用　粉煤灰自身的三大物理和化学效应均有利于改善混凝土的性能。

　　第一，"形态效应"。在显微镜下显示，粉煤灰中含有 70% 以上的玻璃微珠，粒形完整，表面光滑，质地致密。这种形态对混凝土而言，无疑能起到减水作用、致密作用和匀质作用，促进初期水泥水化的解絮作用，改变拌合物的流变性质、初始结构以及硬化后的多种功能，尤其对泵送混凝土，能起到良好的润滑作用。其显微镜下形态如下图所示。

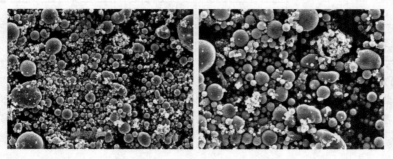

　　第二，"二次活性效应"。粉煤灰的"二次活性效应"因粉煤灰系人工火山灰质材料，所以又称之为"火山灰效应"。这一效应能对混凝土起到增强作用和堵塞混凝土中的毛细组织，提高混凝土的抗腐蚀能力。

　　第三，微骨料效应。粉煤灰中粒径很小的微珠和碎屑，在水泥中可以相当于未水化的水泥颗粒，极细小的微珠相当于活泼的纳米材料，能明显地改善和增强混凝土及制品的结构强度，提高匀质性和致密性。

　　这三种效应相互关联，互为补充。粉煤灰的品质越高，效应越大。

　　（3）粉煤灰的分类及等级　粉煤灰按煤种分为 F 类和 C 类两种。

　　F 类粉煤灰是由无烟煤或烟煤煅烧收集的粉煤灰，其氧化钙含量不大于 10% 或游离氧化钙不大于 1%，又称为低钙粉煤灰。

　　C 类粉煤灰是由褐煤或次烟煤煅烧收集的粉煤灰，其氧化钙含量一般大于 10% 或游离氧化钙大于 1%，又称为高钙粉煤灰。

　　拌制混凝土和砂浆用粉煤灰分为三个等级：Ⅰ级、Ⅱ级、Ⅲ级。

　　（4）拌制混凝土和砂浆用粉煤灰的技术要求（GB/T 1596—2005）　详见表 2-1-10 中所列。

表 2-1-10　拌制混凝土和砂浆用粉煤灰的技术要求

项目		技术要求		
		Ⅰ级	Ⅱ级	Ⅲ级
细度（45μm 方孔筛筛余）/% ≤	F 类粉煤灰	12.0	25.0	45.0
	C 类粉煤灰			

续表

项目			技术要求		
			Ⅰ级	Ⅱ级	Ⅲ级
需水量比/% ≤		F 类粉煤灰	95	105	115
		C 类粉煤灰			
烧失量/% ≤		F 类粉煤灰	5.0	8.0	15.0
		C 类粉煤灰			
含水量/% ≤		F 类粉煤灰	1.0		
		C 类粉煤灰			
三氧化硫/% ≤		F 类粉煤灰	3.0		
		C 类粉煤灰			
游离氧化钙/% ≤		F 类粉煤灰	1.0		
		C 类粉煤灰	4.0		
安定性 雷氏夹煮沸后增加距离/mm ≤		C 类粉煤灰	5.0		

2. 粒化高炉矿渣粉

以粒化高炉矿渣为主要原料，可掺加少量石膏磨制成一定细度的粉体，称作粒化高炉矿渣粉，简称矿渣粉，是制备高性能混凝土的优质掺合料。粒化高炉矿渣是高炉冶炼生铁时所得的以硅酸钙和铝硅酸钙为主要成分的熔融物经淬冷粒化后的产品，属冶金行业的工业废渣。

从 1969 年起，英国、德国等发达国家就开始了超细矿渣粉在混凝土中作为矿物掺合料的应用。自 20 世纪 90 年代起，我国开始了超细矿渣粉的应用研究工作。2000 年，国家标准《用于水泥和混凝土的粒化高炉矿渣粉》（GB/T 18046—2000）正式颁布。2002 年，国家标准《高强、高性能混凝土用矿物外加剂》颁布实施。在该标准中，正式将超细矿渣粉命名为"矿物掺合料"，纳入混凝土第 6 组分。从此，超细矿渣粉作为一个独立的新产品横空出世，并立即被广泛地接受和应用。

（1）矿渣粉的化学成分与活性　矿渣粉的主要化学成分为 CaO、SiO_2、Al_2O_3，其总量一般大于 90%。矿渣粉的活性在化学成分上主要取决于粒化高炉矿渣中 CaO、Al_2O_3 和玻璃体的含量。一般而言，CaO、Al_2O_3 含量高的活性较好；在化学成分大致相同的情况下，玻璃体含量越多，其活性也越高。在物理意义上主要由比表面积决定。

矿渣粉的活性随储存时间推移而降低，储存期超过 3 个月的矿渣粉应重新检验。

（2）矿渣粉对混凝土的性能的优化作用　由于矿渣粉所具有的形态效应，与普通混凝土相比，矿渣粉会降低新拌混凝土的流动性，但矿渣粉较高的比表面积对改善保水性能有帮助，矿渣粉混凝土的工作性良好。

矿渣粉的微骨料效应和二次水化作用可以优化混凝土的孔结构，提高密实度，明显改善混凝土的耐久性。掺加矿渣粉已成为配制高强、高性能混凝土的主要技术措施之一。

（3）矿渣粉的等级　矿渣粉可分为 S105、S95、S75 共三个级别。

（4）矿渣粉的技术指标（GB/T 18046—2008）　详见表 2-1-11 中所列。

表 2-1-11　矿渣粉的技术指标

项目		级别		
		S105	S95	S75
密度/（g/cm³）	≥	2.8		
比表面积/（m²/kg）	≥	500	400	300
活性指数/% ≥	7d	95	75	55
	28d	105	95	75
流动度比/%	≥	95		
含水量（质量分数）/%	≤	1.0		
三氧化硫（质量分数）/%	≤	4.0		
氯离子（质量分数）/%	≤	0.06		
烧失量（质量分数）/%	≤	3.0		
玻璃体含量（质量分数）/%	≥	85		
放射性		合格		

二、骨料试验取样方法的一般规则（GB/T 14684—2011，GB/T 14685—2011）

1. 分批方法

骨料的取样应按同产地同规格分批验收。用大型工具（如火车、货船、汽车）运输的，每批不宜超过 400m³ 或 600t；用小型工具（如马车等）运输的，以 200m³ 或 300t 为一验收批。

2. 试样抽取方法

自然堆取样时，取样部位应均匀分布。取样前应先将取样部位表层铲除，然后由各部位抽取大致相等的砂 8 份、石子 15 份，组成各自一组样品。

从皮带机上取样时，应用接料器从皮带运输机机尾的出料处定时抽取大致等量的砂 4 份、石子 8 份，组成各自一组样品。

从火车、货船、汽车上取样时，从不同部位和深度抽取大致等量的砂 8 份、石子 16 份，组成各自一组样品。

3. 取样数量

每组试样的取样数量应符合 GB/T 14684—2011 和 GB/T 14685—2011 的规定。砂的单项试验的最少取样数量应符合表 2-1-12 中的规定。

表 2-1-12　砂的单项试验最少取样数量规定

序号	试验项目	最少取样数量/kg
1	颗粒级配	4.4
2	含泥量	4.4
3	泥块含量	20.0
4	石粉含量	6.0
5	云母含量	0.6

序号	试验项目		最少取样数量/kg
6	轻物质含量		3.2
7	有机物含量		2.0
8	硫化物与硫酸盐含量		0.6
9	氯化物含量		4.4
10	贝壳含量		9.6
11	坚固性	天然砂	8.0
		机制砂	20.0
12	表观密度		2.6
13	松散堆积密度与空隙率		5.0
14	碱骨料反应		20.0
15	放射性		6.0
16	饱和面干吸水率		4.4

粗骨料的单项试验的最少取样数量应符合表 2-1-13 的规定。

表 2-1-13　粗骨料的单项试验最少取样数量规定

序号	试验项目	最大粒径/mm							
		9.5	16.0	19.0	26.5	31.5	37.5	63.0	75.0
		最少取样数量/kg							
1	颗粒级配	9.5	16.0	19.0	25.0	31.5	37.5	63.0	80.0
2	含泥量	8.0	8.0	24.0	24.0	40.0	40.0	80.0	80.0
3	泥块含量	8.0	8.0	24.0	24.0	40.0	40.0	80.0	80.0
4	针、片状颗粒含量	1.2	4.0	8.0	12.0	20.0	40.0	40.0	40.0
5	有机物含量	按试验要求的粒级和数量取样							
6	硫酸盐和硫化物含量								
7	坚固性								
8	岩石抗压强度	随机选取完整石块锯切或钻取成试验用样品							
9	压碎指标	按试验要求的粒级和数量取样							
10	表观密度	8.0	8.0	8.0	8.0	12.0	16.0	24.0	24.0
11	堆积密度与空隙率	40.0	40.0	40.0	40.0	80.0	80.0	120.0	120.0
12	吸水率	2.0	4.0	8.0	12.0	20.0	40.0	40.0	40.0
13	碱骨料反应	20.0	20.0	20.0	20.0	20.0	20.0	20.0	20.0
14	放射性	6.0							
15	含水率	按试验要求的粒级和数量取样							

4. 试样的缩分

（1）砂的缩分　砂的缩分可采用以下两种方法。

分料器法：将试样在潮湿状态下拌匀后，通过分料器分为大致相等的两份，取其中的一份再次通过分料器，缩分至需要的数量为止。

人工四分法：将所取试样置于平板上，在潮湿状态下拌和均匀，大致摊平成厚度约20mm 的圆饼，然后沿互相垂直的两个方向，把试样分成大致相等的四份。取其对角的两份重新拌匀，重复上述过程，直至缩分后的材料量略多于进行试验所必需的量。

（2）石子的缩分　将所取试样置于平板上，在自然状态下拌和均匀，堆成锥体，然后沿互相垂直的两个方向，把试样分成大致相等的四份。取其对角的两份重新拌匀，重复上述过程，直至缩分后的材料量略多于进行试验所必需的量。

5. 试验环境

试验室的温度应保持在（20±5）℃。

三、砂的筛分析试验方法（GB/T 14684—2011）

1. 试验目的

测定砂的颗粒级配，计算砂的细度模数，以评定上砂的粗细程度，为配制混凝土提供依据。

2. 主要仪器设备

① 标准筛，孔径为 9.50mm，4.75mm，2.36mm，1.18mm，0.60mm，0.30mm，0.15mm 的方孔筛，以及筛的底盘和盖各一个。

② 摇筛机，如图 2-1-3 所示。

③ 天平：称量 1000g，感量 1g。

④ 烘箱：能控温在 105℃±5℃。

⑤ 其他：浅盘和硬、软毛刷等。

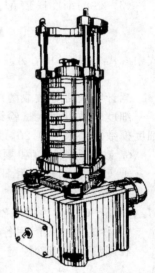

3. 试样制备

抽取试样量不少于 4.4kg，筛除大于 9.50mm 的砂粒，并记录其百分数。将试样缩分至约 1100g，在 105℃±5℃的烘箱中烘干至恒重，冷却至室温后，分为大致相等的两份备用。

恒重系指试样在烘干 3h 以上的情况下，前后两次称量之差不大于该项试验所要求的称量精度，下同。

4. 试验步骤

① 准确称取烘干试样 500g，准确至 1g，置于套筛的最上面一只，即 4.75mm 筛上，将套筛装入摇筛机，摇筛 10min，然后取出套筛，再按筛孔大小顺序，从最大的筛号开始，在清洁的浅盘上逐个进行手筛，直到每分钟的筛出量不超过试样总量的

图 2-1-3　摇筛机及套筛

0.1% 时为止，将筛出通过的颗粒并入下一号筛，和下一号筛中的试样一起过筛，以此顺序进行至各号筛全部筛完为止。

② 称取各号筛上的筛余量，精确至 1g，试样在各号筛上的筛余量不得超过按下式计算出的量：

$$G = \frac{A\sqrt{d}}{200}$$

式中　G——在一个筛上的筛余量，g；

d——筛孔尺寸，mm；

A——筛面面积，mm²。

否则将该粒级试样分成两份，分别筛分，并以筛余量之和作为该号筛的筛余量。

所有各筛的分计筛余量和底盘中剩余量之和与筛分前试样总量之差超过1%时，须重新试验。

5. 试验结果的计算

(1) 分计筛余百分数 a　各号筛上的筛余量除以试样总量，精确至0.1%；

(2) 累计筛余百分数 A　各号筛的累计筛余百分数为该号筛及大于该号筛的各号筛的分计筛余百分数之和，精确至0.1%。按表2-1-14计算各号筛的累计筛余百分数。

表 2-1-14　分计筛余与累计筛余的关系

筛孔尺寸	分计筛余		累计筛余百分数/%
	分计筛余量/g	分计筛余百分数/%	
4.75mm	m_1	a_1	$A_1 = a_1$
2.36mm	m_2	a_2	$A_2 = a_1 + a_2$
1.18mm	m_3	a_3	$A_3 = a_1 + a_2 + a_3$
600μm	m_4	a_4	$A_4 = a_1 + a_2 + a_3 + a_4$
300μm	m_5	a_5	$A_5 = a_1 + a_2 + a_3 + a_4 + a_5$
150μm	m_6	a_6	$A_6 = a_1 + a_2 + a_3 + a_4 + a_5 + a_6$

(3) 砂的细度模数 M_x　按下式计算砂的细度模数 M_x，精确到0.01：

$$M_x = \frac{(A_2 + A_3 + A_4 + A_5 + A_6) - 5A_1}{100 - A_1}$$

式中　A_1，A_2，…，A_6——分别为4.75mm，2.36mm，…，0.15mm 各筛上的累计筛余百分数，%。

累计筛余百分数取两次平行试验的算术平均值，精确至1%。

细度模数以两次试验结果的算术平均值作为检验结果，精确至0.1。如两次试验所得的细度模数之差大于0.20，应重新进行试验。

6. 砂的粗细程度和颗粒级配评定

① 砂的粗细程度用细度模数 M_x 评定，M_x 越大，表示砂越粗：

$M_x = 3.7 \sim 3.1$ 时，为粗砂；$M_x = 3.0 \sim 2.3$ 时，为中砂；$M_x = 2.2 \sim 1.6$ 时，为细砂；$M_x = 1.5 \sim 0.7$ 时为特细砂。

② 砂的颗粒级配用各号筛的累计筛余百分数 A 的修约值比较法评定。

我国混凝土用砂规定了三个级配区（表2-1-8），任何一种砂，只要其累计筛余百分数 A_1、A_2、A_3、A_4、A_5、A_6 分别分布在某同一级配区的相应累计筛余百分数的范围内，即为级配合理，符合级配要求。具体评定时，除4.75mm和600μm级外，其他级的累计筛余百分数允许稍有超出，但超出总量不得大于5%。

配制混凝土时，应选用三个指定级配区（砂区）的砂，但优先选用2区砂。

四、砂的筛分析试验的训练与考核

(一) 训练的基本要求

1. 检查内容

检查砂试样是否烘干、过筛、冷却至室温，标准筛、称样天平、摇筛机是否符合使用状况，记录试验室的温度和湿度。

2. 填写试验表格

试验时应严格遵守标准规定的测定步骤，按下列形式如实填写试验原始记录表。

表格编号：_____

检测项目名称：_____　　　　共　页　第　页

委托编号：_____　样品来源：_____　　　样品编号：_____

砂产地与品种：_____　　　取样日期：____年____月____日

送检日期：____年____月____日　　　　　　　　　　检验日期：____年____月____日

检验依据：_____

仪器名称与编号：_____

检测地点：_____　温度：_____　湿度：_____

检测前仪器状况：_____　检测后仪器状况：_____

序号		筛孔尺寸/mm	试样：　/g				9.50mm 颗粒筛余：　/%		底盘	失散
			5.00	2.50	1.25	0.63	0.315	0.16	底盘	失散
			4.75	2.36	1.18	0.60	0.30	0.15		
1	筛余重/g									
	分计筛余/%									
	累计筛余/%									
	细度模数 M_x									
2	筛余重/g									
	分计筛余/%									
	累计筛余/%									
	细度模数 M_x									
平均	分计筛余/%									
	累计筛余/%									
	细度模数 M_x									
颗粒级配评定										
备注										

检验员　　　　　　校核教师　　　　　　　　　　年　月　日

筛析曲线

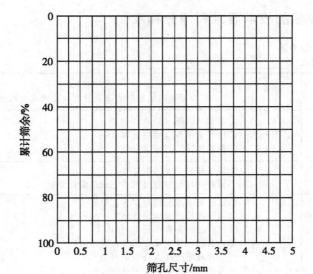

绘图员　　　　　　校核教师　　　　　　　　　　年　月　日

3. 试验报告

试验报告应包括如下内容：

①试验目的；②试验方法依据的标准；③仪器设备；④试验步骤；⑤试验结果及其计算过程；⑥试验原始记录表；⑦问答。

（1）砂的筛分析试验的技术要求

① 砂样应预先缩分至约_____，并烘干冷却，烘干的温度是_____，筛除的砂粒，称样量_____，在摇筛机上筛析的时间为_____。

② 各筛的分计筛余量和底盘中剩余量之和与筛分前试样总量之差超过_____时，须重新试验。按各号筛的累计筛余百分数我国混凝土用砂规定了_____级配区。

③ 细度模数测定结果以_____的平均值表示，但测定结果之差不得_____，否则，_____。根据细度模数 M_x 的大小将砂划分为_____四级。

（2）砂的筛分析试验仪器设备的身份参数

① 试验筛：生产厂家_____；规格_____；出厂编号_____。

② 称样天平：生产厂家_____；类型与感量_____；仪器型号_____；出厂编号_____；称量范围_____。

③ 摇筛机：生产厂家_____；仪器型号_____；出厂编号_____；时间控制范围_____。

（二）操作时应注意的事项

① 试验前应用毛刷将试验筛清理干净，避免筛孔堵塞影响试验结果。

② 试验前筛除大于 9.50mm 的砂粒，并记录其百分数。

③ 在摇筛机上筛析后，再按筛孔大小顺序，从最大的筛号开始，在清洁的浅盘上逐个进行手筛，直到每分钟的筛出量不超过试样总量的 0.1% 时为止，将筛出通过的颗粒并入下一号筛，和下一号筛中的试样一起过筛，以此顺序进行至各号筛全部筛完为止。

④ 细度模数两次试验所得的细度模数之差大于 0.20，应重新进行试验；每次筛分试验所有各筛的分计筛余量和底盘中剩余量之和与筛分前试样总量之差超过 1% 时，须重新试验。

（三）训练与考核的技术要求和评分标准

操作训练与考核项目：砂的筛分析

学生姓名_____，班级_____，学号_____

技术要求	配分	评分细则 括弧内的数字为该项分值，否则取平均分	得分
仪器设备检查	15（分）	①清理试验筛（5） ②称样天平符合使用要求（5） ③摇筛机试运行正常（5）	
试样准备	10（分）	①砂试样烘干至恒重（5） ②试样冷却至室温过筛并记录筛余百分数（5）	
操作步骤	48（分）	①试样抽取方法符合要求（6） ②取样数量符合规定（6） ③试的缩分操作规范（6） ④称取砂试样量及方法符合要求（6） ⑤砂样筛析时间符合规定（6） ⑥筛余物倒出干净、不外撒（6） ⑦手筛操作符合要求（6） ⑧筛余物称量方法正确（6）	

续表

技术要求	配分	评分细则 括弧内的数字为该项分值，否则取平均分	得分
结果确定	17（分）	①结果计算正确（8） ②结果评定正确（6） ③试验数据记录规范（3）	
安全文明操作	10（分）	①操作台面整洁、器械归位（4） ②无安全事故（6）	

评分：　　　　　　　　　　　　　　　教师（签名）：

（四）讨论与总结

1. 讨论及总结的内容

简述砂筛分析试验的目的、仪器设备、试验步骤及其相应的技术要求。

2. 操作时应注意事项

结合操作时应注意的事项，讨论影响砂筛分析试验的主要因素及其控制方法。

（1）操作的影响

① 样品的代表性：取样和分样操作规范。

② 试样撒落损失：在摇筛机上筛析时，套筛用橡胶圈连接密封和减振，避免砂样损失；手筛操作时应小心细致，避免筛余物撒落损失。

③ 手筛操作要求：手筛时应直到每分钟的筛出量不超过试样总量的 0.1% 为止。

④ 试验筛的使用状况：试验筛必须保持洁净，筛孔通畅，筛网应紧绷在筛框上，定期检查、清理、校正。

（2）仪器设备的影响　国家标准对砂的筛分析试验所用仪器的技术要求有明确的规定。

① 试验筛：应满足 GB/T 6003.1 和 GB/T 6003.2 中方孔试验筛的规定，筛孔大于 4.00mm 的试验筛采用穿孔板试验筛。

② 称量天平：最小分度值不大于 1g。

五、骨料表观密度试验方法

（一）砂的表观密度试验方法（GB/T 14684—2011）

1. 试验目的

测定砂的单位体积（包括内部封闭孔隙的体积）的质量，为计算砂的空隙率和混凝土配合比设计提供依据。

2. 主要仪器设备

① 天平：感量不大于 1g。

② 容量瓶：500mL。

③ 烘箱：能控温在 105℃±5℃。

④ 烧杯：500mL。

⑤ 洁净水。

⑥ 其他：干燥器、滴管、浅盘、铝制料勺、温度计等。

3. 试样制备

抽取试样量不少于 2.6kg，并将试样缩分至约 660g，在 105℃±5℃ 的烘箱中烘干至恒重，在干燥器内冷却至室温后，分为大致相等的两份备用。

4. 试验步骤

① 称取烘干的试样 300g（m_0），精确至 0.1g。将砂样装入容量瓶中，注入冷开水至接

近 500mL 的刻度处，用手摇转容量瓶，使试样在水中充分搅动以排除气泡，塞紧瓶塞，静置 24h。然后用滴管小心加水，使水面与瓶颈 500mL 刻度线平齐，再塞紧瓶塞，擦干瓶外水分。称其总质量（m_1），精确至 1g。

② 倒出瓶中的水和试样，将瓶的内外表面洗净，再向瓶内注入同样温度的洁净水（温差不超过 2℃）至瓶颈 500mL 刻度线，塞紧瓶塞，擦干瓶外水分，称其总质量（m_2），精确至 1g。

注：试验时各项称量应在 15～25℃ 范围内进行，但试样加水静置的最后 2h 起至试验结束的水温相差不得超过 2℃。

5. 试验结果计算与评定

砂的表观密度按下式计算，精确至 10kg/m³：

$$\rho_0 = \left(\frac{m_0}{m_0 + m_2 - m_1} - \alpha_t \right) \times \rho_水$$

式中　ρ_0——砂的表观密度，kg/m³；

$\rho_水$——水的密度，1000kg/m³；

m_0——烘干试样的质量，g；

m_1——试样、水及容量瓶的总质量，g；

m_2——水及容量瓶的总质量，g；

α_t——水温对表观密度影响的修正系数。具体值见表 2-1-15 中所列。

表 2-1-15　水温对表观密度影响的修正系数

水温/℃	15	16	17	18	19	20	21	22	23	24	25
α_t	0.002	0.003	0.003	0.004	0.004	0.005	0.005	0.006	0.006	0.007	0.008

砂的表观密度以两次平行试验结果的算术平均值作为测定值，精确至 10kg/m³；如两次结果之差值大于 20kg/m³，应重新取样进行试验。

（二）石子表观密度试验方法（广口瓶法）（GB/T 14685—2011）

1. 试验目的

测定石子单位体积（包括内部封闭孔隙的体积）的质量，为计算粗骨料的空隙率和混凝土配合比设计提供依据。

2. 主要仪器设备

① 天平：感量不大于 1g。

② 广口瓶：1000mL，磨口，带玻璃片。

③ 烘箱：能控温在 105℃±5℃。

④ 试验筛：孔径为 4.75mm 的方孔筛一个。

⑤ 洁净水。

⑥ 其他：干燥器、滴管、浅盘、铝制料勺、温度计等。

3. 试样制备

抽取试样量不少于 16kg（按最大粒径 37.5mm），并将试样缩分至多于 4000g，风干后筛除小于 4.75mm 的颗粒，分为大致相等的两份备用。将每一份试样浸泡在水中，仔细洗去附在骨料表面的尘土和石粉，经多次漂洗干净至水清澈为止。清洗过程中不得散失骨料颗粒并应使骨料浸水饱和。

4. 试验步骤

① 取试样一份装入广口瓶中，注入洁净的水，水面高出试样，盖上玻璃片上下左右轻

轻摇动广口瓶，使附着在石料上的气泡逸出。

② 向瓶中加水至水面凸出瓶口，然后用玻璃片沿广口瓶瓶口迅速滑行，使其紧贴瓶口水面、玻璃片与水面之间不得有空隙。

③ 确认瓶中没有气泡，擦干瓶外的水分后，称取骨料试样、水、瓶及玻璃片的总质量（m_1）。

④ 将试样倒入浅盘中，放入 105℃±5℃ 的烘箱中烘干至恒重。取出浅盘，放在带盖的容器中冷却至室温，称取试样的烘干质量（m_0）。

⑤ 将瓶洗净，重新装入洁净水，用玻璃片紧贴广口瓶瓶口水面。玻璃片与水面之间不得有空隙。确认瓶中没有气泡，擦干瓶外水分后称取水、瓶及玻璃片的总质量（m_2）。

注：试验时各项称量应在 15～25℃ 范围内进行，但试样加水静止的 2h 起至试验结束的水温相差不得超过 2℃。

5. 试验结果计算与评定

石子的表观密度按下式计算，精确至 10kg/m³：

$$\rho_0 = \left(\frac{m_0}{m_0 + m_2 - m_1} - \alpha_t \right) \times \rho_水$$

式中　ρ_0——石子的表观密度，kg/m³；

　　　$\rho_水$——水的密度，1000kg/m³；

　　　m_0——烘干试样的质量，g；

　　　m_1——试样、水、瓶及玻璃片的总质量，g；

　　　m_2——水、瓶及玻璃片的总质量，g；

　　　α_t——水温对表观密度影响的修正系数。

石子的表观密度以两次平行试验结果的算术平均值作为测定值，精确至 10kg/m³；如两次结果之差值大于 20kg/m³，应重新取样进行试验。

六、骨料表观密度试验的训练与考核

（一）训练的基本要求

1. 检查内容

检查骨料试样是否烘干、过筛、冷却至室温，标准筛、称样天平、广口瓶、容量瓶、干燥器等是否符合使用状况，记录试验室的温度和湿度。

2. 填写试验表格

试验时应严格遵守标准规定的测定步骤，按下列形式如实填写试验原始记录表。

表格编号：_____

检测项目名称：_____　共　页　第　页

委托编号：_____　样品来源：_____　样品编号：_____

骨料产地与品种：_____　取样日期：_____年_____月_____日

送检日期：_____年_____月_____日　　　　　　检验日期：_____年_____月_____日

检验依据：_____

仪器名称与编号：_____

检测地点：_____　温度：_____　湿度：_____

检测前仪器状况：_____　检测后仪器状况：_____

测试序号		1	2	平均	备注
砂表观密度	瓶　号				
	试样干重 m_0/g				
	试样、水及瓶总重 m_1/g				
	瓶及水总重 m_2/g				
	表观密度/（kg/m³）				
石子表观密度（广口瓶法）	烘干试样重 m_0/g				
	试样、水、瓶和玻璃片总重 m_1/g				
	水、瓶和玻璃片总重 m_2/g				
	表观密度/（kg/m³）				

检验员　　　　　　　　　校核教师　　　　　　　　　　　年　月　日

3. 试验报告

试验报告应包括如下内容：

①试验目的；②试验方法依据的标准；③仪器设备；④试验步骤；⑤试验结果及其计算过程；⑥试验原始记录表；⑦问答。

（1）骨料表观密度试验的技术要求

① 砂样应预先缩分至约_____，并烘干冷却，烘干的温度是_____，称样量_____；石子应预先缩分至约_____，风干后筛除_____的颗粒，称样量_____。

② 试验时各项称量应在_____温度范围内进行，但两次注水时水温相差不得超过_____。

③ 骨料表观密度测定结果以_____的平均值表示，但测定结果之差不得_____，否则，_____，精确至_____。

（2）骨料表观密度试验仪器设备的身份参数

① 试验筛：生产厂家_____；规格_____；出厂编号_____。

② 称样天平：生产厂家_____；类型与感量_____；仪器型号_____；出厂编号_____；称量范围_____。

（二）操作时应注意的事项

① 摇动玻璃瓶排除气泡要充分，同时要保证骨料在水中有足够的浸泡时间。

② 称量时玻璃瓶外的水分要擦拭干净，否则影响试验结果。

③ 试验时各项称量应在 15～25℃ 范围内进行，但两次注水时水温相差不得超过 2℃。

（三）训练与考核的技术要求和评分标准

操作训练与考核项目：骨料表观密度的测定

学生姓名_____，班级_____，学号_____

技术要求	配分	评分细则 括弧内的数字为该项分值，否则取平均分	得分
仪器设备检查	15（分）	①玻璃瓶清洗干净（5） ②称样天平符合使用要求（5） ③试验筛符合使用要求（5）	

续表

技术要求	配分	评分细则 括弧内的数字为该项分值，否则取平均分	得分
试样准备	10（分）	①试样过筛并烘干（5） ②试样冷却至室温（5）	
操作步骤	48（分）	①试样抽取方法符合要求（6） ②取样数量符合规定（6） ③试样的缩分操作规范（6） ④称取砂试样量及方法符合要求（6） ⑤称取石子试样量及方法符合要求（6） ⑥气泡排除完全（6） ⑦称量时玻璃瓶外的水分擦拭干净（6） ⑧两次注水时水温相差不超过2℃（6）	
结果确定	15（分）	①结果计算正确（5） ②两次结果之差值不大于20kg/m³（5） ③试验数据记录正确（5）	
安全文明操作	12（分）	①操作台面整洁、器械归位（4） ②无安全事故（8）	

评分：　　　　　　　　　　　　教师（签名）：

（四）讨论与总结
1. 讨论及总结的内容
简述骨料表观密度试验的目的、仪器设备、试验步骤及其相应的技术要求。
2. 操作应注意的事项
结合操作时应注意的事项，讨论影响骨料表观密度试验的主要因素及其控制方法。
（1）操作的影响
① 样品的代表性：取样和分样操作规范。
② 温度的波动：注意水温变化，两次注水时水温相差不超过2℃。
③ 排除气泡：摇动玻璃瓶使试样在水中充分搅动以排除气泡，同时要保证骨料在水中有足够的浸泡时间。
④ 附着水分：玻璃瓶外及玻璃片上的附着水分要擦拭干净。
（2）仪器设备的影响
① 试验筛：应满足 GB/T 6003.1 和 GB/T 6003.2 中方孔试验筛的规定。
② 称量天平：最小分度值不大于 1g。

七、水泥砂浆减水率试验方法（GB/T 8077—2000）

1. 试验目的
测定减水剂对水泥的分散效果，以水泥砂浆的减水率表示其效果。
2. 方法原理
先测定基准砂浆的流动度达到（180±5）mm 时的用水量，再测定掺减水剂的砂浆流动度达到（180±5）mm 时的用水量，由此计算水泥砂浆的减水率。
3. 仪器设备与材料
① 仪器设备：胶砂搅拌机、卡尺、小刀、天平、跳桌及其附件。
② 材料：水泥、ISO 标准砂、减水剂。
4. 试验步骤
（1）基准砂浆流动度用水量的测定

① 胶砂的制备。将一袋标准砂（1350g）倒入加砂筒内。用湿布将叶片和锅壁擦拭干净，把水（自定加水量）加入搅拌锅中，再倒入水泥450g，接着把锅固定在搅拌位置。启动搅拌机，搅拌机开始按程序工作。在中间停机时的前15s内用一胶皮刮具将叶片和锅壁上的胶砂刮入锅中间。搅拌结束后取下搅拌锅，用小勺将胶砂拌动几次。

② 流动度试验。在胶砂制备的同时，先用湿布擦拭跳桌台面、捣器、截锥圆模和模套内壁。

将搅拌好的水泥胶砂迅速分两层装入模内，第一层装至截锥圆模高度的2/3处，用小刀在垂直两个方向各划5次，再用圆柱捣棒自边缘至中心均匀捣压15次（图1-7-2）。接着装第二层胶砂，装至高出圆模约20mm，同样用小刀在垂直两个方向各划5次，再用圆柱捣棒自边缘至中心均匀捣压10次（图1-7-3）。捣压后胶砂应略高于试模。捣压深度，第一层捣至胶砂高度的1/2，第二层捣至不超过已捣实的底层表面。装胶砂和捣压时，用手扶稳试模，不要使其移动。

捣压完毕，取下模套，将小刀倾斜，从中间向边缘分两次以近水平的角度将高出截锥圆模的胶砂抹去，并擦去落在桌面上的胶砂。将圆模垂直向上轻轻提起，立刻开动跳桌，以每秒一次的频率使跳桌连续跳动30次。

跳动完毕，用卡尺测量水泥胶砂底部扩散的直径，取相互垂直的两直径的平均值（取整数）为该水量时的水泥胶砂流动度，用毫米（mm）表示。

流动度试验从胶砂加水开始到测量扩散直径结束，应在6min内完成。

③ 基准砂浆流动度用水量。重复上述步骤，直至流动度达到（180±5）mm。当砂浆流动度达到（180±5）mm时的用水量即为基准砂浆流动度的用水量M_0。

（2）掺减水剂的砂浆流动度用水量的测定　将水和推荐掺量的减水剂加入搅拌锅内，按上述方法测出掺减水剂的砂浆流动度达到（180±5）mm时的用水量M_1。

（3）砂浆减水率的计算及确定

① 砂浆减水率按下式计算：

$$砂浆减水率 = \frac{M_0 - M_1}{M_0} \times 100\%$$

式中　M_0——基准砂浆流动度达到（180±5）mm时的用水量，g；

M_1——掺减水剂的砂浆流动度达到（180±5）mm时的用水量，g。

② 砂浆减水率以两次试验测定值的算术平均值表示，但两次测定值的绝对误差不得超过1%。

八、水泥砂浆减水率试验的训练与考核

（一）训练的基本要求

1. 检查内容

检查水泥试样、拌合水、标准砂、称样天平、胶砂搅拌机、跳桌、卡尺减水剂等是否符合使用状况，记录试验室的温度和湿度。

2. 填写试验表格

试验时应严格遵守标准规定的测定步骤，按下列形式如实填写试验原始记录表。

表格编号：＿＿＿＿＿＿＿＿＿＿＿＿＿＿＿＿＿

检测项目名称：＿＿＿＿＿＿＿＿＿＿＿＿＿＿　　　共　页　第　页

委托编号：＿＿＿＿＿＿＿　样品来源：＿＿＿＿＿　　样品编号：＿＿＿＿＿＿＿＿

水泥产地品牌：＿＿＿＿＿＿＿＿＿＿＿　　　　　品种等级：＿＿＿＿＿＿＿＿

水泥出厂编号：＿＿＿＿＿＿＿＿＿＿　　　　　　取样日期：＿＿＿年＿＿月＿＿日

减水剂产地品牌：_____ 生产日期：_____ 推荐掺量：_____
送检日期：_____年_____月_____日 检验日期：_____年_____月_____日
检验依据：_____
仪器名称与编号：_____
检测地点：_____ 温度：_____ 湿度：_____
检测前仪器状况：_____ 检测后仪器状况：_____

基准砂浆流动度

测定次数	水/g	水泥/g	标准砂/g	流动度/mm
1				
2				
3				
流动度达到（180±5）mm 时的用水量 M_0/g				/

掺减水剂的砂浆流动度

测定次数	水/g	水泥/g	标准砂/g	流动度/mm
1				
2				
3				
流动度达到（180±5）mm 时的用水量 M_1/g				/
砂浆减水率	平均值			
备注				

操作员　　　　　　　　校核教师　　　　　　　　　　　　年　　月　　日

3. 试验报告

试验报告应包括如下内容：

①试验目的和方法原理；②试验方法依据的标准；③仪器设备；④试验步骤；⑤试验结果；⑥试验原始记录表；⑦问答。

（1）水泥砂浆减水率试验的技术要求

① 水泥砂浆减水率试验的砂浆流动度应达到_____为止。

② 胶砂制备的程序要求是_____。

③ 装模插捣时，第一次插捣的次数为_____，第二次插捣的次数为_____；在每次插捣前均需_____。

④ 捣压完毕，取下模套，将小刀倾斜，从_____将高出截锥圆模的胶砂抹去，并擦去落在桌面上的胶砂。将圆模_____轻轻提起。立刻开动跳桌，以每秒一次的频率跳动_____。

⑤ 流动度试验从胶砂加水开始到测量扩散直径结束，应在_____内完成。

⑥ 砂浆减水率以两次试验测定值的_____表示，但两次测定值的绝对误差不得超过_____。

（2）水泥砂浆减水率试验设备的身份参数

① 跳桌：生产厂家_____；仪器型号_____；出厂编号与日期_____；落距_____；跳动频率_____。

② 卡尺：生产厂家_____；仪器型号_____；

出厂编号与日期_____；量程_____；分度值_____。
　　③ 天平：生产厂家_____；仪器型号_____；
出厂编号与日期_____；量程_____；分度值_____。
　　④ 胶砂搅拌机：生产厂家_____；仪器型号_____；
出厂编号与日期_____；转速_____。

（二） 水泥砂浆的减水率试验操作时应注意的事项

　　① 搅拌机在试验前先试运行一次，检查是否符合规定程序。其程序为：慢转 60s 并在第二个 30s 开始的同时加砂装置启动；快转 30s；停 90s；快转 60s。
　　② 如跳桌在 24h 内未使用，应先空跳一个周期 30 次。
　　③ 插捣时力度、位置要均匀，力量大小要适当。
　　④ 装胶砂和捣压时，用手扶稳试模，切勿使其试模移动。
　　⑤ 胶砂搅拌结束后应立即进行流动度测定，动作要快，装模、插捣、测量等工作应在 2min 内完成；否则，流动度随时间延长而减小。

（三） 水泥砂浆的减水率试验训练与考核的技术要求和评分标准

操作训练与考核项目：水泥砂浆的减水率试验
学生姓名_____，班级_____，学号_____

技术要求	配分	评分细则 括弧内的数字为该项分值，否则取平均分	得分
仪器设备检查	15（分）	①跳桌、搅拌机检查（10） ②湿布擦拭搅拌锅、叶片（5）	
试样准备	6（分）	①水泥试样量符合要求（3） ②核实标准砂的质量（3）	
操作步骤	50（分）	①加料顺序正确（5） ②用湿布擦拭跳桌台面、捣器、截锥圆模和模套内壁（5） ③第一层装料高度符合规定（5） ④第一层划实与插捣符合要求（5） ⑤第二层装料高度符合规定（5） ⑥第二层划实与插捣符合要求（5） ⑦装料与插捣时试模不移动（5） ⑧跳动后胶砂基本成圆形（5） ⑨测量直径的方法符合要求（5） ⑩在规定时间内完成试验（5）	
试验结果	19（分）	①数据记录符合要求（2） ②结果计算正确（10） ③测定误差在要求范围内（7）	
安全文明操作	10（分）	①操作台面整洁（5） ②无安全事故（5）	

评分：　　　　　　　　　　　　　　教师（签名）：

（四） 讨论与总结

1. 讨论及总结内容

　　简述水泥砂浆的减水率试验目的和方法原理、仪器设备、操作步骤及其相应的技术要求。

2. 操作应注意的事项

　　结合操作时应注意的事项，讨论影响水泥砂浆的减水率试验的主要因素及其控制方法。

（1）操作的影响

① 装料时试模底漏浆：插捣时用力过大，多练积累经验。

② 跳动时胶砂层散落或向一边垮塌：插捣时力度不够或用力不匀，多练积累经验。

③ 试验时间超时：装模、插捣动作慢，多练。

④ 装模、插捣时试模移动：操作时用手扶稳模套。

⑤ 跳动后胶砂层形状与圆形相差较大：插捣的力度与位置不均齐，多练积累经验；或桌面安装倾斜，检查圆桌面的水平度。

（2）仪器设备的影响　国家标准对水泥砂浆的减水率试验所用设备的技术要求有明确的规定。

① 跳桌的技术要求如下。

a. 跳桌跳动部分总质量要求 4.35kg±0.15kg，在使用中应严格控制。

b. 跳桌跳动的落距要求是 10.0mm±0.2mm，要用制造厂生产的专用测量尺测定落距，不合规定时应调整到位。

c. 跳桌安装基座为混凝土整体结构。

跳桌在使用后每半年应全面检查，如不合要求应及时调整。跳桌的计量检定周期为每年一次。

② 卡尺。量程不小于 300mm，分度值不大于 0.5mm。

③ 药物天平。量程不小于 100g，分度值不大于 0.1g。

④ 胶砂搅拌机。搅拌叶片与锅底、锅壁的工作间隙为 3mm±1mm（图 1-6-5），自检每月一次，胶砂搅拌机每年检定一次。

九、阅读与了解

材料的几种密度

（一）密度

材料在绝对密实状态下，单位体积的质量称为密度，即：

$$\rho = \frac{m}{V}$$

式中　ρ——材料的密度，g/cm^3 或 kg/m^3；

m——材料的质量，g 或 kg；

V——材料在绝对密实状态下的体积，即材料体积内固体物质的实体积，cm^3 或 m^3。

建筑材料中除少数材料（如钢材、玻璃等），大多数材料都含有一些孔隙。为了测得含孔材料的密度，应把材料磨成细粉除去内部孔隙，用李氏瓶测定其实体积。材料磨得越细，测得的体积越接近绝对体积，所得密度值越准确。

（二）体积密度与表观密度

1. 体积密度

材料在自然状态下，单位体积（包括材料实体及其开口孔隙、闭口孔隙）的质量称为体积密度，即：

$$\rho_0 = \frac{m}{V_0}$$

式中　ρ_0——材料的体积密度，kg/m^3 或 g/cm^3；

m——在自然状态下材料的质量，kg 或 g；

V_0——在自然状态下材料包括所有孔隙在内时的体积，m^3 或 cm^3。

2. 表观密度

材料在自然状态下，单位体积（含材料实体及闭口孔隙体积）的质量称为表观密度，即：

$$\rho' = \frac{m}{V'}$$

式中　ρ'——材料的表观密度，kg/m^3 或 g/cm^3；

　　　m——在自然状态下材料的质量，kg 或 g；

　　　V'——在自然状态下材料只包括闭口孔在内时的体积，m^3 或 cm^3。

在自然状态下，材料内部的孔隙可分为两类：有的孔之间相互连通，且与外界相通，称为开口孔；有的孔互相独立，不与外界相通，称为闭口孔。大多数材料在使用时其体积为包括内部所有孔在内的体积，即自然状态下的外形体积（V_0），如砖、石材、混凝土等。有的材料如砂、石在拌制混凝土时，因其内部的开口孔被水占据，因此材料体积只包括材料实体积及其闭口孔体积（V'）。为了区别两种情况，常将包括所有孔隙在内时的密度称为体积密度；把只包括闭口孔在内时的密度称为表观密度（亦称视密度）。表观密度在计算砂、石在混凝土中的实际体积时有实用意义。

在自然状态下，材料内部常含有水分，其质量随含水程度而改变，体积密度或表观密度值通常取气干状态下的数据，否则应注明是何种含水状态。

（三）堆积密度

粉状及颗粒状材料在堆积状态下，单位体积的质量称为堆积密度，即：

$$\rho_0' = \frac{m}{V_0'}$$

式中　ρ_0'——材料的堆积密度，kg/m^3；

　　　m——材料的质量，kg；

　　　V_0'——材料的堆积体积，m^3。

散粒材料的堆积体积，会因堆放的疏松状态不同而异，必须在规定的装填方法下取值。因此，堆积密度又有松堆密度和紧堆密度之分。

在建筑工程中，进行配料计算、确定材料的运输量及堆放空间、确定材料用量及构件自重等，经常用到材料的密度、体积密度或表观密度和堆积密度值。

（四）孔隙率和密实度

孔隙率是指在材料体积内，孔隙体积所占的比例。以 P 表示。即：

$$P = \frac{V_0 - V}{V_0} \times 100\%$$

$$= (1 - \frac{V}{V_0}) \times 100\%$$

$$= (1 - \frac{\rho_0}{\rho}) \times 100\%$$

对于绝对密实体积与自然状态体积的比率，即式中的 V/V_0，定义为材料的密实度。密实度表征了在材料体积中，被固体物质所充实的程度。同一材料的密实度和孔隙率之和为1。

材料孔隙率的大小、孔隙粗细和形态等，是材料构造的重要特征，它关系到材料的一系列性质，如强度、吸水性、抗渗性、抗冻性、保温性、吸声性等。孔隙特征主要指孔的种类（开口孔与闭口孔）、孔径的大小与分布等。实际上绝对闭口的孔隙是不存在的，在建筑材料中，常以在常温常压下，水能否进入孔中来区分开口孔与闭口孔。因此，开口孔隙率（P_k）是指在常温常压下能被水所饱和的孔体积（即开口孔体积 V_k）与材料的体积之比，即：

$$P_k = \frac{V_k}{V_0} \times 100\%$$

闭口孔隙率（P_B）便是总孔隙率（P）与开口孔隙率（P_k）之差，即：

$$P_B = P - P_k$$

（五）空隙率和填充度

空隙率是指在颗粒状材料的堆积体积内，颗粒间空隙所占的比例。以 P' 表示，即：

$$P' = \frac{V'_0 - V_0}{V'_0} \times 100\%$$

$$= (1 - \frac{V_0}{V'_0}) \times 100\%$$

$$= (1 - \frac{\rho'_0}{\rho_0}) \times 100\%$$

式中的 V_0 / V'_0，即填充度，表示散粒材料在某种堆积体积中，颗粒的自然体积占有率。空隙率或填充度的大小，都能反映出散粒材料颗粒之间相互填充的致密状态。

当计算混凝土中粗细骨料的空隙率时，由于混凝土拌合物中的水泥浆能进入砂子、石子的开口孔内（即开口孔也作为空隙），因此 ρ_0 应按砂石颗粒的表观密度 ρ' 计算。

第二节　混凝土拌合物的工作性

一、混凝土拌合物的工作性的基本知识

混凝土拌合物是指将水、水泥、砂和石按一定比例拌合但尚未凝结硬化的混合物。

（一）工作性的概念

经过一定搅拌工艺获得的混凝土拌合物的物理特征是，颗粒状的骨料分散在水泥浆中形成分散体系，固体颗粒之间彼此保持一定的距离；随着水化的进行，固、液、气相的比例发生变化，固体颗粒间的距离逐渐减小，慢慢形成硬化混凝土的内部结构。工作性就是指混凝土拌合物从搅拌开始到抹平整个施工过程中，混凝土拌合物易于运输、浇注、振捣，不产生组分离析，容易抹平，并获得体积稳定、结构致密的混凝土的性质，又称为和易性。

根据上述定义可知，混凝土的工作性是一项综合性质。目前普遍的观点是，混凝土的工作性至少应包括流动性、黏聚性和保水性三个方面的技术要求。

1. 流动性

流动性是指混凝土拌合物在自重或外力作用下产生流动且能均匀填满模板的各个位置空间的性能。

混凝土材料的特征之一，就是浇注到模板中容易获得任何形状的构件。因此粒径从几十微米到几十毫米的各种固体颗粒与水的混合物就必须具有类似于液体的流动性。流动性在混凝土的搅拌、运输直到振实的施工过程中是一个很重要的性质，它反映了混凝土拌合物的稀稠程度及充满模板的能力。

2. 黏聚性

黏聚性是指混凝土拌合物的各种组成材料在施工过程中具有一定的黏聚力，保持组分的均匀性，在运输、浇注、振捣、养护过程中不发生离析、分层现象。它反映了混凝土拌合物保持组分均匀的能力。

3. 保水性

保水性是指混凝土拌合物在施工过程中保持水分均匀分布，不产生严重泌水的能力。保水性也可以理解为水泥、砂、石子固体颗粒与水之间的黏聚性。保水性差的混凝土会产生严重的水析出现象即泌水。泌水不仅会使混凝土表层疏松，还会使水聚集在骨料或钢筋的下表面形成孔隙，削弱骨料或钢筋与水泥石之间的黏结力；同时泌水形成的连通孔隙会降低混凝

土的耐久性。保水性反映了混凝土拌合物保持水这一组分在整体上分布是否平衡的能力。

（二）工作性的评定

目前，还没有一种科学的测试方法和定量指标能完整表达混凝土拌合物的工作性。在我国，常用坍落度法（图 2-2-1）和维勃稠度法（图 2-2-2）来评定混凝土的工作性。

图 2-2-1　坍落度试验示意图

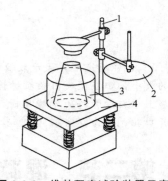

图 2-2-2　维勃稠度试验装置示意图
1—滑动棒；2—透明圆盘；3—容器；4—台式振动台

1. 坍落度法

以坍落度作为流动性指标来评定混凝土拌合物的工作性，同时辅以目测拌合料的黏聚性和保水性共同评价其工作性。

坍落度法是将混凝土拌合物按规定方法分层装满坍落筒，并分层用捣棒插捣密实抹平，然后提起坍落筒，拌合物因自重会坍落，测量筒高与坍落后混凝土拌合物最高点之间的高度差，以毫米（mm）为单位，称为坍落度。然后用捣棒轻击拌合物锥体的侧面，观察其黏聚性。若锥体逐渐下沉，则表示黏聚性良好；若锥体倒塌、部分崩溃或出现离析现象，则表示黏聚性不好。同时通过观察锥体底部是否有较多的稀浆析出，来评定其保水性。

根据坍落度（T）的大小，混凝土拌合物可分为四级：大流动性混凝土（$T \geqslant 160mm$）；流动性混凝土（$T = 100 \sim 150mm$）；塑性混凝土（$T = 50 \sim 90mm$）和低塑性混凝土（$T = 10 \sim 40mm$）。坍落度越大，流动性越好。

坍落度法仅限于骨料最大公称粒径不大于 40mm、坍落度不小于 10mm 的混凝土拌合物。

2. 维勃稠度法

坍落度 $T < 10mm$ 时混凝土拌合物流动性要用维勃稠度值（VB）来表示，即干硬性混凝土拌合物工作性的评定方法。

维勃稠度值（VB）的测定方法是，将混凝土拌合物按规定方法分层装满坍落筒，并分层用捣棒插捣密实抹平，然后提起坍落筒。在拌合物锥体顶面放一透明圆盘，开启振动台，同时用秒表计时，到圆盘底面布满水泥浆时，停止振动和计时，秒表所走过的时间即为维勃稠度值（VB），以秒（s）为单位。维勃稠度值 VB 越大，表示混凝土拌合物越干稠。此方法适用于骨料最大公称粒径不大于 40mm、坍落度小于 10mm 的干硬性混凝土拌合物。

干硬性混凝土拌合物按维勃稠度值 VB 的大小也分为四级：半干硬性混凝土（$VB = 5 \sim 10s$）；干硬性混凝土（$VB = 11 \sim 20s$）；特干硬性混凝土（$VB = 21 \sim 30s$）和超干硬性混凝土（$VB \geqslant 31s$）。

（三）影响工作性的主要因素

1. 水泥浆的数量与水灰比

混凝土拌合物的流动性是由水泥浆赋予的。在水灰比不变的情况下，单位体积拌合物内，水泥浆数量越多，流动性也越大。但水泥浆过多，则会出现流浆现象；若水泥浆过少，则骨料间缺少黏结物质，易使拌合物发生离析和崩塌。

在水泥、骨料用量不变的情况下，水灰比增大，拌合物流动性增强；反之则减小。但水灰比过大，拌合物的黏聚性和保水性变差；水灰比过小，拌合物的流动性又降低，影响施工。而实际上水灰比是根据混凝土的强度和耐久性要求来合理选用。要注意的是，无论是水泥浆的影响还是水灰比的影响，实质上都是用水量在发挥影响。

大量试验证明，当水灰比在一定范围（0.40～0.80）内而其他条件不变时，混凝土拌合物的流动性只与单位用水量（即每立方米混凝土拌合物的拌合水量）有关，这一现象称为"恒定用水量法则"。因此可以通过提高混凝土的单位用水量来增加混凝土拌合物的坍落度。

2. 砂率

砂率是指混凝土内砂的质量占砂、石总质量的百分比。砂率对拌合物的工作性影响很大。图 2-2-3（a）为砂率对坍落度的影响关系。一方面是砂形成的砂浆在粗骨料间起润滑作用，在一定范围内随着砂率的增大，润滑作用愈加明显，流动性得以提高；另一方面，在砂率增大的同时，骨料的总表面积也随之增大，骨料表面包裹的水泥浆层变薄，骨料间的摩擦增加，流动性变差。另外，砂率过小，砂浆数量不足，又会使拌合物的黏聚性和保水性降低。曲线的最高点所对应的砂率，是指在用水量和水灰比一定的前提下，使混凝土拌合物获得最大流动性，且能保持良好黏聚性和保水性的砂率，我们称其为合理砂率。此为满足流动性原则的合理砂率。

在图 2-2-3（b）中，依据相似的解释方法，我们还可以得到合理砂率的第二层含义，即在流动性和水灰比不变的前提下，混凝土拌合物水泥用量最小的砂率。此为满足节约原则的合理砂率。

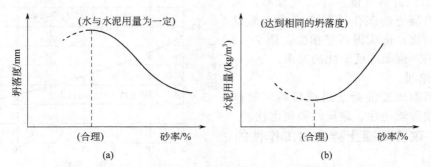

图 2-2-3　砂率对混凝土拌合物的流动性和水泥用量的影响

3. 水泥

水泥对拌合物工作性的影响主要表现为品种与细度的影响。不同品种的水泥对混凝土拌合物的工作性影响很大。硅酸盐水泥和普通硅酸盐水泥配制的混凝土拌合物流动性较大，保水性也较好；矿渣水泥拌合的混凝土流动性较小，保水性较差；火山灰质水泥拌制的混凝土流动性较差而保水性较好；用粉煤灰水泥拌合的混凝土流动性、黏聚性和保水性都比较好。

水泥磨得越细，在相同用水量的情况下其混凝土拌合物的流动性越小，但黏聚性和保水性较好。

4. 骨料

在用水量和水灰比不变的前提下，加大骨料的粒径可提高拌合物的流动性；采用细度模数较小的砂，黏聚性和保水性有明显的改善；级配良好、颗粒表面光滑圆整的骨料（如卵石）所配制的混凝土流动性较大。

5. 时间和温、湿度

新拌制的混凝土随着时间的推移，部分拌合水挥发、被骨料吸收，同时水泥矿物会逐渐水化，进而使混凝土拌合物变稠，流动性减小，造成坍落度损失。如图 2-2-4 所示即为拌合物坍落度随时间变化的关系。

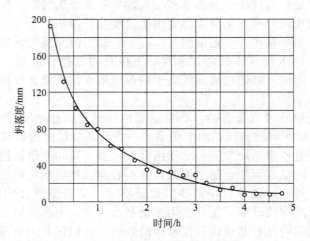

图 2-2-4　坍落度与时间的关系

新拌制的混凝土的工作性在不同施工环境条件下往往会发生变化，尤其是要经过长距离运输才能到达施工面的混凝土拌合物。在这个过程中，若空气湿度小，气温高，风速较大，混凝土的工作性就会因失水而发生较大的变化，造成坍落度损失。图 2-2-5 为拌合物坍落度随温度变化的关系。

6. 外加剂

外加剂能改变混凝土组成材料间的作用关系，改善流动性、黏聚性和保水性。

（四）改善混凝土拌合物工作性的措施

根据上述影响混凝土拌合物工作性的因素，可以采取以下相应的技术措施来改善混凝土拌合物工作性。

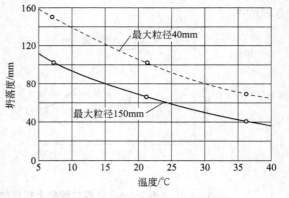

图 2-2-5　温度对坍落度的影响

① 在水灰比不变的前提下，适当增加水泥浆的用量。

② 通过试验，采用合理砂率。

③ 改善骨料的级配，一般情况下尽可能采用连续级配。

④ 调整砂、石的粒径，如为加大流动性可加大粒径，若要提高黏聚性和保水性可减小骨料的粒径。

⑤ 掺入合适的外加剂。掺加减水剂、引气剂、缓凝剂都可有效地改善混凝土拌合物的工作性。

⑥ 根据具体的环境条件，尽可能缩短新拌混凝土的运输时间。若条件不允许，可掺缓凝剂以减少坍落度损失。

二、混凝土坍落度试验方法（GB/T 50080—2002）

（一）适用范围

本方法适用于骨料最大粒径不大于 40mm、坍落度不小于 10mm 的混凝土拌合物稠度测定。

（二）试验目的

掌握用坍落度法测定普通混凝土拌合物稠度的方法；检验所设计的混凝土配合比是否符合施工的工作性要求，以作为调整混凝土配合比、控制混凝土质量的依据。

（三）主要仪器设备

坍落筒（图 2-2-6）、捣棒（图 2-2-6）、小铲、木尺、钢尺、拌板、镘刀、下料斗、磅称、天平等。

（四）取样或试样的制备

1. 取样

① 同一组混凝土拌合物的取样应从同一盘混凝土或同一车混凝土中取样。取样量应多于试验所需量的 1.5 倍；且宜不小于 20L。

② 混凝土拌合物的取样应具有代表性，宜采用多次采样的方法。一般在同一盘混凝土或同一车混凝土中的约 1/4 处、1/7 处和 3/4 处之间分别取样，从第一次取样到最后一次取样不宜超过 15min，然后人工搅拌均匀。

③ 从取样完毕到开始做各项性能试验不宜超过 5min。

2. 试样的制备

在试验室制备混凝土拌合物时，按配合比计算 15L 材料用量并拌制混凝土（骨料以全干状态为准）。

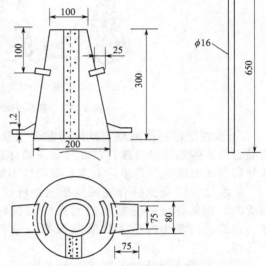

图 2-2-6　坍落筒和捣棒

（1）人工拌和　将称好的砂子、水泥倒在拌板上，用铁铲翻拌至颜色均匀，再放入称好的石子与之拌和至少翻拌三次，然后堆成锥形，将中间扒至凹坑，加入拌合用水（外加剂随水一同加入）小心拌和，至少翻拌六次，每翻拌一次，应用铁铲将全部混凝土铲切一次。拌合时间从加水完毕时算起，在 10min 内完成。

（2）机械拌和　拌和前应将搅拌机冲洗干净，并预拌少量同种混凝土拌和物或与拌合混凝土水灰比相同的砂浆，使搅拌机内壁挂浆。向搅拌机内依次加入石子、砂和水泥，干拌均匀，再将水徐徐加入，全部加料时间不超过 2min，水全部加入后，继续拌和 2min。将混合料从搅拌机中卸出备用。

（五）坍落度与坍落扩展度试验步骤

① 湿润坍落度筒及底板，在坍落度筒内壁和底板上应无明水。底板应放置在坚实水平面上，并把筒放在底板中心，然后用脚踩住两边的脚踏板，坍落度筒在装料时应保持固定的位置。

② 把按要求取得的混凝土试样用小铲分三层均匀地装入筒内，使捣实后每层高度为筒高的 1/3 左右。每层用捣棒插捣 25 次。插捣应沿螺旋方向由外向中心进行，各次插捣应在

截面上均匀分布。插捣筒边混凝土时，捣棒可以稍稍倾斜。插捣底层时，捣棒应贯穿整个深度，插捣第二层和顶层时，捣棒应插透本层至下一层的表面；浇灌顶层时，混凝土应灌到高出筒口。插捣过程中，如混凝土沉落到低于筒口，则应随时添加。顶层插捣完后，刮去多余的混凝土，并用抹刀抹平。

③ 清除筒边底板上的混凝土后，垂直平稳地提起坍落度筒。坍落度筒的提离过程应在 5～10s 内完成；从开始装料到提坍落度筒的整个过程应不间断地进行，并应在 150s 内完成。

④ 提起坍落度筒后，测量筒高与坍落后混凝土试体最高点之间的高度差，即为该混凝土拌合物的坍落度值；坍落度筒提离后，如混凝土发生崩坍或一边剪坏现象（图 2-2-7），则应重新取样另行测定；如第二次试验仍出现上述现象，则表示该混凝土和易性不好，应予记录备查。

(a) 部分(剪切)坍落型　　(b) 正常坍落型　　(c) 崩坍型

图 2-2-7　坍落度试验合格与不合格示意图

⑤ 观察坍落后的混凝土试体的黏聚性及保水性。黏聚性的检查方法是用捣棒在已坍落的混凝土锥体侧面轻轻敲打，此时如果锥体逐渐下沉，则表示黏聚性良好，如果锥体倒塌、部分崩裂或出现离析现象，则表示黏聚性不好。

保水性以混凝土拌合物稀浆析出的程度来评定。坍落度筒提起后如有较多的稀浆从底部析出，锥体部分的混凝土也因失浆而骨料外露，则表明此混凝土拌合物的保水性能不好；如坍落度筒提起后无稀浆或仅有少量稀浆自底部析出，则表示此混凝土拌合物保水性良好。

⑥ 当混凝土拌合物的坍落度大于 220mm 时，用钢尺测量混凝土扩展后最终的最大直径和最小直径，在这两个直径之差小于 50mm 的条件下，用其算术平均值作为坍落扩展度值；否则，此次试验无效。

如果发现粗骨料在中央集堆或边缘有水泥浆析出，表示此混凝土拌合物抗离析性不好，应予记录。

（六）试验结果的表示

混凝土拌合物坍落度和坍落扩展度值以毫米为单位，测量精确至 1mm，结果表达修约至 5mm。

三、坍落度试验的训练与考核

（一）训练的基本要求

1. 检查内容

检查坍落度筒、称样天平、磅秤是否符合使用状况，骨料是否烘干，记录试验室的温度和湿度。

2. 填写试验表格

试验时应严格遵守标准规定的测定步骤，按下列形式如实填写试验原始记录表。

表格编号：＿＿＿＿＿＿＿＿＿＿＿＿＿＿＿＿＿＿

检测项目名称：＿＿＿＿＿＿＿＿＿＿＿＿＿＿＿＿＿＿＿＿　　　　共 页 第 页

委托编号：＿＿＿＿＿＿＿＿＿＿　样品来源：＿＿＿＿＿＿　　样品编号：＿＿＿＿＿＿＿＿＿

砂产地与品种：＿＿＿＿＿＿＿＿＿＿＿＿＿＿＿＿＿＿　　石子产地与品种：＿＿＿＿＿＿＿＿＿＿＿

水泥产地品牌：＿＿＿＿＿＿＿＿＿＿＿＿＿＿＿＿＿＿　　品种等级：＿＿＿＿＿＿＿＿＿＿＿＿＿

水泥出厂编号：＿＿＿＿＿＿＿＿＿＿＿＿＿＿＿＿＿＿　　外加剂品种：＿＿＿＿＿＿＿＿＿＿＿＿

取样日期：＿＿＿年＿＿＿月＿＿＿日　　　　　　　　送检日期：＿＿＿年＿＿＿月＿＿＿日

检验日期：＿＿＿年＿＿＿月＿＿＿日　　　　　　　　检验依据：＿＿＿＿＿＿＿＿＿＿＿＿＿

仪器名称与编号：＿＿＿＿＿＿＿＿＿＿＿＿＿＿＿＿＿＿＿＿＿＿＿＿＿＿＿＿＿＿＿＿＿＿＿

检测地点：＿＿＿＿＿＿＿＿＿　温度：＿＿＿＿＿＿＿　湿度：＿＿＿＿＿＿＿

检测前仪器状况：＿＿＿＿＿＿＿＿＿＿＿＿　检测后仪器状况：＿＿＿＿＿＿＿＿＿＿＿＿

拌合物配合比参数			
水灰比 W/C		砂率 $\beta_s/\%$	
用水量/kg		水泥用量/kg	
砂用量/kg		石用量/kg	
外加剂/kg		其他	

试验结果			
拌和方法		实际坍落度/mm	
黏聚性		保水性	
坍落扩展度/mm		平均值/mm	
备注			

试验员　　　　　　　　校核教师　　　　　　　　　　　　年　　月　　日

3. 试验报告

试验报告应包括如下内容：

①试验适用范围与目的；②试验方法依据的标准；③仪器设备；④试验步骤；⑤试验结果及其计算过程；⑥试验原始记录表；⑦问答。

（1）坍落度试验的技术要求

① 混凝土试样用小铲分＿＿＿＿＿＿均匀地装入坍落筒内，使捣实后每层高度为筒高的＿＿＿＿＿＿左右。每层用捣棒插捣＿＿＿＿＿＿次。插捣应沿螺旋方向由＿＿＿＿＿＿，各次插捣应在截面上均匀分布。

② 坍落度试验适用于骨料最大粒径不大于 40mm、坍落度不小于＿＿＿＿＿＿的混凝土拌合物稠度测定。

③ 混凝土的工作性至少应包括＿＿＿＿＿＿＿三个方面的技术要求。

④ 人工拌和时先拌和＿＿＿＿＿＿，再放入的＿＿＿＿＿＿与之拌和，至少翻拌＿＿＿＿＿，然后堆成＿＿＿＿＿，将中间扒至凹坑，加入拌合用水小心拌和，至少翻拌＿＿＿＿＿，每翻拌一次，应用铁铲将＿＿＿＿＿。拌合时间从加水完毕时算起，应在＿＿＿＿＿内完成。

（2）坍落度试验仪器设备的身份参数

① 坍落筒：生产厂家＿＿＿＿＿＿＿＿＿＿＿＿＿；规格＿＿＿＿＿＿＿＿＿＿＿＿＿＿；出厂编号＿＿＿＿＿＿。

② 称样天平：生产厂家＿＿＿＿＿＿＿＿＿＿；类型与感量＿＿＿＿＿＿＿＿＿＿＿＿；仪器型号＿＿＿＿＿＿；出厂编号＿＿＿＿＿＿；称量范围＿＿＿＿＿。

③ 磅秤：生产厂家＿＿＿＿＿＿＿＿＿＿＿；仪器型号＿＿＿＿＿＿＿＿＿＿＿；出厂编号＿＿＿＿＿＿；感量＿＿＿＿＿＿；称量范围＿＿＿＿＿＿。

（二）操作时应注意的事项

① 拌合时试验室的温度应保持在 20℃±5℃，所用材料的温度应与试验室温度保持一致。

注：需要模拟施工条件下所用的混凝土时，所用原材料的温度宜与施工现场保持一致。

② 试验室拌合混凝土时，材料用量应以质量计。称量精度：骨料为±1%；水、水泥、掺合料、外加剂均为±0.5%。

③ 从试样制备完毕到开始做各项性能试验不宜超过 5min；从取样完毕到开始做各项性能试验不宜超过 5min。

④ 坍落度筒的提离过程应在 5～10s 内完成；从开始装料到提坍落度筒的整个过程应不间断地进行，并应在 150s 内完成。

（三）训练与考核的技术要求和评分标准

操作训练与考核项目：坍落度试验

学生姓名_____，班级_____，学号_____

考核项目：坍落度试验　　　时间要求（加水完毕开始计时）：13min

技术要求	配分	评分细则 括弧内的数字为该项分值，否则取平均分	得分
仪器设备检查	10（分）	①坍落筒、称样天平、磅秤检查（5） ②坍落筒、底板放置正确（5）	
试样制备	20（分）	①各物料称量精度符合要求（5） ②物料拌合顺序符合规定（5） ③物料翻拌次数和方式符合要求（5） ④物料拌合时间符合规定（5）	
操作步骤	50（分）	①湿布擦拭坍落筒及底板（5） ②装料方式符合要求（5） ③装料层数正确（5） ④第一层装料高度、插捣符合规定（5） ⑤第二层装料高度、插捣符合规定（5） ⑥第三层装料高度、插捣符合规定（5） ⑦提筒手法规范（5） ⑧装料与插捣时坍落筒不移动（5） ⑨在规定时间内完成试验（5） ⑩测量坍落度的方法符合要求（5）	
试验结果	10（分）	①坍落度的记录与修约正确（5） ②黏聚性和保水性判断正确（5）	
安全文明操作	10（分）	①操作台面整洁（5） ②无安全事故（5）	

实际操作时间（min）：　　　　　　　　超时扣分（3分/min）：

评分：　　　　　　　　　　　　　　　教师（签名）：

（四）讨论与总结

1. 讨论及总结内容

简述坍落度试验适用范围与目的、仪器设备、操作步骤及其相应的技术要求。

2. 操作应注意事项

结合操作时应注意的事项，讨论影响坍落度试验的主要因素及其控制方法。

（1）操作的影响

① 试验时间超时：翻拌、装模、插捣动作慢，多练。

② 装模、插捣时坍落筒移动：操作时用脚踩稳两边的脚踏板。

③ 装料高度参差不齐：经验不够，多练。

④ 插捣方法不规范：每层用捣棒插捣 25 次。插捣应沿螺旋方向由外向中心进行，各次插捣应在截面上均匀分布。捣棒应贯穿整层深度。

⑤ 提坍落筒时有横移动作：提筒手法不规范，要求垂直平稳地提起坍落度筒。

⑥ 提坍落筒速度过慢或过快：坍落度筒的提离过程应在 5～10s 内完成。

（2）仪器设备的影响　国家标准对坍落度试验所用设备的技术要求有明确的规定。

① 坍落筒与捣棒：符合图 2-2-6 的尺寸要求。

② 磅秤：称量范围 50kg，感量 50g。

③ 天平：称量范围 5kg，感量 5g。

四、混凝土拌合物表观密度测定方法（GB/T 50080—2002）

（一）试验目的

测定混凝土拌合物捣实后的单位体积质量（即表观密度），用以计算每立方米混凝土的材料用量。

（二）主要仪器设备

容量筒、台秤、振动台、捣棒等。

（三）试验步骤

① 用湿布把容量筒内外擦干净，称出容量筒质量，精确至 50g。

② 混凝土的装料及捣实。混凝土的装料及捣实方法应根据拌合物的稠度而定。坍落度不大于 70mm 的混凝土，用振动台振实为宜；大于 70mm 的用捣棒捣实为宜。

a. 采用振动台振实时，应一次将混凝土拌合物灌到高出容量筒口。装料时可用捣棒稍加插捣，振动过程中如混凝土低于筒口，应随时添加混凝土，振动直至表面出浆为止。

b. 采用捣棒捣实时，应根据容量筒的大小决定分层与插捣次数：用 5L 容量筒时，混凝土拌合物应分两层装入，每层的插捣次数应为 25 次；用大于 5L 的容量筒时，每层混凝土的高度不应大于 100mm，每层插捣次数应按每 10000mm² 截面不小于 12 次计算。各次插捣应由边缘向中心均匀地插捣，插捣底层时捣棒应贯穿整个深度，插捣第二层时，捣棒应插透本层至下一层的表面；每一层捣完后用橡胶锤轻轻沿容器外壁敲打 5～10 次，进行振实，直至拌合物表面插捣孔消失并不见大气泡为止。

③ 用刮尺将筒口多余的混凝土拌合物刮去，表面如有凹陷应填平；将容量筒外壁擦净，称出混凝土试样与容量筒总质量，精确至 50g。

（四）试验结果计算

混凝土拌合物表观密度按下式计算：

$$\rho_h = \frac{W_2 - W_1}{V} \times 1000$$

式中　ρ_h——表观密度，kg/m³；

W_1——容量筒质量，kg；

W_2——容量筒和试样总质量，kg；

V——容量筒容积，L。

试验结果计算精确至 10kg/m³。

五、混凝土拌合物表观密度测定的训练与考核

（一）训练的基本要求

1. 检查内容

检查容量筒、台秤、振动台、捣棒是否符合使用状况，确认拌合物的稠度，记录试验室

的温度和湿度。

2. 填写试验表格

试验时应严格遵守标准规定的测定步骤，按下列形式如实填写试验原始记录表。

表格编号：_____

检测项目名称：_____　　　　　共 　页 第 　页

委托编号：_____ 样品来源：_____　　样品编号：_____

砂产地与品种：_____　　　　　石子产地与品种：_____

水泥产地品牌：_____　　　　　品种等级：_____

水泥出厂编号：_____　　　　　外加剂品种：_____

取样日期：____年____月____日　　　　　送检日期：____年____月____日

检验日期：____年____月____日　　　　　检验依据：_____

仪器名称与编号：_____

检测地点：_____ 温度：_____ 湿度：_____

检测前仪器状况：_____　　检测后仪器状况：_____

拌合物配合比参数			
水灰比 W/C		砂率 $\beta_s/\%$	
用水量/kg		水泥用量/kg	
砂用量/kg		石用量/kg	
其他 /kg		坍落度/mm	

试验结果			
捣实方法		容量筒质量/kg	
容量筒和试样总质量/kg		容量筒容积/L	
表观密度/(kg/m)			
备注			

试验员　　　　　　校核教师　　　　　　　　　　　　年　　月　　日

3. 试验报告

试验报告应包括如下内容：

①试验目的；②试验方法依据的标准；③仪器设备；④试验步骤；⑤试验结果及其计算过程；⑥试验原始记录表；⑦问答。

（1）混凝土拌合物表观密度测定的技术要求

① 混凝土捣实方法应根据拌合物的稠度而定。坍落度不大于_____的混凝土，用_____捣实为宜；大于_____的用捣棒捣实为宜。

② 采用捣棒捣实时，应根据容量筒的大小决定分层与插捣次数：用 5L 容量筒时，混凝土拌合物应分_____装入，每层的插捣次数应为_____。

③ 各次插捣应由_____插捣，插捣底层时捣棒应贯穿整个深度，插捣第二层时，捣棒应_____；每一层捣完后用橡胶锤轻轻沿容器外壁敲打_____，进行振实，直至拌合物表面_____为止。

（2）表观密度测定仪器设备的身份参数

① 容量筒：生产厂家_____；规格_____；出厂编号_____。

② 台秤：生产厂家_____；类型与感量_____；仪器型号_____；出厂编号_____；称量范围 _____。

③ 振动台：生产厂家＿＿＿＿＿＿＿＿＿＿；仪器型号＿＿＿＿＿＿＿＿＿＿＿；出厂编号＿＿＿＿；频率＿＿＿＿；振幅＿＿＿＿。

（二）操作时应注意的事项

① 对骨料最大粒径不大于 40mm 的拌合物采用容积为 5L 的容量筒；骨料最大粒径大于 40mm 时，容量筒的内径与内高均应大于骨料最大粒径的 4 倍。

② 采用振动台振实时，应一次将混凝土拌合物灌到高出容量筒口。装料时可用捣棒稍加插捣，振动过程中如混凝土低于筒口，应随时添加混凝土，振动直至表面出浆为止。

③ 每一层捣完后用橡胶锤轻轻沿容器外壁敲打 5～10 次，进行振实，直至拌合物表面插捣孔消失并不见大气泡为止。

④ 刮平后试样表面如有凹陷应用拌合物填平。

（三）训练与考核的技术要求和评分标准

操作训练与考核项目：混凝土拌合物表观密度测定

学生姓名＿＿＿＿＿，班级＿＿＿＿＿，学号＿＿＿＿＿

技术要求	配分	评分细则 括弧内的数字为该项分值，否则取平均分	得分
仪器设备检查	10（分）	①容量筒、台秤检查（5） ②振动台运行正常（5）	
准备工作	20（分）	①坍落度测量方法正确（10） ②容量筒和捣实方法选择正确（10）	
操作步骤	40（分）	①湿布擦拭容量筒（5） ②称量容量筒质量（5） ③装料方式符合要求（5） ④捣实操作规范（15） ⑤刮平操作符合要求（5） ⑥称量容量筒和试样质量（5）	
试验结果	20（分）	①试验数据记录规范（5） ②试验结果计算正确（15）	
安全文明操作	10（分）	①操作台面整洁（5） ②无安全事故（5）	

评分： 教师（签名）：

（四）讨论与总结

1. 讨论及总结内容

简述测定混凝土拌合物表观密度的目的、仪器设备、操作步骤及其相应的技术要求。

2. 操作应注意的事项

结合操作时应注意的事项，讨论影响测量表观密度的主要因素及其控制方法。

（1）操作的影响

① 捣实方法：捣实方法应根据拌合物的稠度而定。坍落度不大于 70mm 的混凝土，用振动台振实为宜；大于 70mm 的用捣棒捣实为宜。

② 插捣手法不规范：（每层的插捣次数应为 25 次）各次插捣应由边缘向中心均匀地插捣，插捣时捣棒应贯穿整层深度。多练积累经验。

③ 试样堆积紧密程度：每一层捣完后用橡胶锤轻轻沿容器外壁敲打 5～10 次，进行振实，直至拌合物表面插捣孔消失并不见大气泡为止。刮平后试样表面如有凹陷应用拌合物填平。

（2）仪器设备的影响　国家标准对混凝土表观密度试验所用设备的技术要求如下。

① 容量筒。金属制成的圆筒，两旁装有提手。容积为 5L 的容量筒，其内径与内高均为 186mm±2mm，筒壁厚为 3mm；容量筒上缘及内壁应光滑平整，顶面与底面应平行并与圆柱体的轴垂直。

容量筒容积应予以标定，标定方法可采用一块能覆盖住容量筒顶面的玻璃板，先称出玻璃板和空桶的质量，然后向容量筒中灌入清水，当水接近上口时，一边不断加水，一边把玻璃板沿筒口徐徐推入盖严，应注意使玻璃板下不带入任何气泡；然后擦净玻璃板面及筒壁外的水分，将容量筒连同玻璃板放在台秤上称其质量；两次质量之差（kg）即为容量筒的容积 L。

② 台秤：称量 50kg，感量 50g。

③ 振动台：振动频率（50±3）Hz，振幅（0.5±0.1）mm。应符合《混凝土试验室用振动台》（JG/T 3020）中技术要求的规定，应具有有效期内的计量检定证书。

④ 捣棒：符合图 2-2-6 的尺寸要求。

六、阅读与了解

混凝土拌合物工作性的含义[*]

1. 屈服值

屈服值是使材料发生变形所需的最小应力。坍落度值越小，表明混凝土拌合物的屈服值越大，在较小的应力作用下越不易变形，而坍落度值较大的混凝土拌合物不能支持自身的自重，为了分散由重力所产生的应力，则发生坍落、流动，形状变得扁平，直到剪切应力值小于其屈服值，才停止坍落流动。

影响混凝土拌合物屈服值的主要因素有用水量和化学外加剂，一般，混凝土的单方用水量越大，屈服值越小。掺入塑化剂也会使屈服值降低。

关于新拌混凝土的屈服值的具体数值，有关研究成果指出，当坍落度为 18cm 时，大致在 100～400Pa 之间；当坍落度值正好为 0cm 时，屈服值在 1 000～10000Pa 的范围。

2. 稠度（柔软程度）

稠度是指混凝土拌合物流动性和可塑性的重要指标。稠度较小的混凝土容易变形和流动，称为塑性混凝土，常用坍落度作为衡量指标。而稠度较大的混凝土非常干硬，不容易变形和流动，称为干硬性混凝土，常用维勃稠度值作为衡量指标。

3. 抹面性

抹面性是指混凝土浇筑后进行最后一道工序，即表面抹平施工的难易程度。该性质取决于粗骨料的最大粒径、砂率、细骨料的粗细程度、黏性等因素。为了获得抹面性良好的混凝土拌合物，必须设法降低混凝土拌合物的屈服值。但是屈服值小的混凝土一般塑性黏度也小，易产生组分离析现象。因此，要尽量保持混凝土其他性能不变，而仅仅降低屈服值。为了达到此目的不能单单采取增加水量的办法，而应在混凝土中掺入能降低屈服值的减水剂，其中多元醇类减水剂对改善混凝土的抹面性效果很好。

4. 坍落度损失

坍落度损失是表示混凝土拌合物的坍落度值，随搅拌后时间的延长逐渐减小的性质。由于现代混凝土施工技术逐步趋向于商品混凝土，直接从搅拌站运输至工地，所以搅拌以后的混凝土拌合物不能马上浇注，一般要经过 1～2h 的运输时间，所以坍落度损失是反映混凝土拌合物在一定时间延长的条件下能否保持所需的工作性的性质。

5. 泌水

泌水是指混凝土浇筑后到开始凝结期间固体粒子下沉，水上升，并在表面析出水的现象，同时混凝土拌合物发生沉降收缩。泌水多少主要受水泥及骨料的品种、性质及气温等因素的影响。当水灰比较大、坍落度大、粗骨料多且细骨料中微粉少时，泌水增多；使用引气剂、减水剂可减少单位用水量从而减少泌水。泌水使表层混凝土的水灰比增大，硬化后使面层的混凝土强度低于下部混凝土的强度，在柱子或墙壁的施工中会造成上部的混凝土强度不如下部的现象。一些上升的水还会聚集在粗骨料或钢筋的下方，硬化后成为空隙，易使水平钢筋与混凝土的黏结减弱。同时水的流动形成通道，降低了混凝土的抗渗性。

描述泌水特性的参数有泌水量，是指混凝土拌合物单位面积上的平均泌水量；泌水率，是指泌水量对混凝土拌合物含水量之比；泌水速度，是指析出水的速度；泌水容量，是指混凝土拌合物单位厚度平均泌水深度。其试验除 ASTM—C—232 规定的静态泌水试验外，还有为泵送混凝土设计的压力泌水试验。

泌水带来的另一个问题是浮浆，即上浮的水中带有大量的细水泥颗粒，在混凝土表面形成返浆层，硬化后强度很低。为保证两层混凝土之间好的黏结，此层浮浆必须除去。

严重的泌水现象必须避免，但少量泌水有时对表面施工有好处，有利于表面抹平作业。防止有害泌水的根本途径是增大水泥浆及砂浆的黏度，减少单位用水量和采用较低的水灰比。

6. 离析

新拌混凝土是由水、砂子、石子和水泥等密度、形态各不相同的物质混合在一起制成的，在运输、浇注的过程中其均一性难以维持，各种材料发生分离，造成混合物不均匀并失去连续性，这样的过程称为混凝土的离析。可以观察到的离析现象，包括粗骨料与水泥浆的分离及水分的上浮，后者常被称为泌水。

粗骨料的密度和流动性与砂浆相差较大，是造成两者分离的原因。在轻骨料混凝土中，骨料上浮，在普通混凝土施工时石子下沉，对泵送作业不利。当钢筋绑扎间距小于石子最大粒径时，砂浆流过而粗骨料被阻挡。上述种种情形都给混凝土硬化后的性能造成隐患。

* 摘自：冯乃谦主编. 实用混凝土大全. 北京：科学出版社，2001.

第三节　硬化混凝土的技术性质

一、混凝土的强度

混凝土的强度一般包括抗压强度、抗拉强度、抗折强度、抗剪强度等多种强度，其中以抗压强度最大，所以混凝土主要用来承受压力。混凝土的抗压强度与其他各种强度以及其他性能之间有一定的相关性，因此混凝土的抗压强度是结构设计的主要依据，也是评定混凝土质量最主要的指标。

（一）混凝土的抗压强度与强度等级

1. 立方体抗压强度

按照国家标准《普通混凝土力学性能试验方法标准》（GB/T 50081—2002）的规定，以边长为 150mm 的立方体试件，在标准养护条件［温度 20℃±2℃，相对湿度大于 95％或放置在温度为 20℃±2℃的不流动的饱和 $Ca(OH)_2$ 溶液中］下养护 28d 龄期，经标准方法测试、计算得到的抗压强度值，称为混凝土立方体抗压强度。

混凝土的立方体抗压强度试验，也可以根据粗骨料的最大粒径而采用非标准试件得出强度值，但必须换算成标准试件的强度值。非标准试件有两种：边长 100mm 和边长 200mm 的立方体试件，换算系数分别为 0.95 和 1.05。其原因是，试件尺寸越大，测得的抗压强度值越小。

为便于设计和施工选用混凝土，将混凝土强度分成若干等级，即强度等级。混凝土强度等级是按立方体抗压强度标准值划分的。混凝土强度等级采用符号 C 与立方体抗压强度标准值（以 MPa 为单位）表示，普通混凝土划分为 C15、C20、C25、C30、C35、C40、C45、C50、C55、C60、C65、C70、C75、C80 14 个等级。

如强度等级为 C30 的混凝土，是指 30MPa≤立方体抗压强度标准值＜35MPa。

所谓混凝土立方体抗压强度标准值，是指按标准试验方法得到的立方体抗压强度总体分布中的一个值，在这个总体分布中，强度低于该值的百分率不超过 5%（即至少具有 95% 的强度保证率）。

2. 轴心抗压强度

立方体抗压强度是评定混凝土质量的依据，而实际工程中绝大多数混凝土构件都是棱柱体或圆柱体。同样的混凝土，构件的形状不同，其强度会有较大的差别。为了与实际情况相符，结构设计中采用混凝土的轴心抗压强度作为混凝土轴心抗压构件设计强度的依据。按照国家标准《普通混凝土力学性能试验方法标准》（GB/T 50081—2002）的规定，边长为 150mm×150mm×300mm 的棱柱体试件标准试件，经标准养护 28d，测得的抗压强度值为轴心抗压强度。

根据大量的试验资料统计，轴心抗压强度与立方体抗压强度之比在 0.7～0.8 之间。

（二）影响混凝土强度的因素

影响混凝土强度的因素很多，如水泥强度、水泥与骨料的黏结强度、组成材料的质量与配合比、施工条件及其质量等。

1. 水泥强度和水灰比

水泥强度和水灰比是影响混凝土强度最重要的因素。水泥水化所需要的化学结合水，一般只占水泥质量的 20%～23%，也就是水灰比为 0.20～0.23，但此时水泥浆稠度过大，混凝土的工作性不能满足施工要求。实际拌制混凝土时，为了获得必要的流动性，常需要加入较多的水，水灰比通常在 0.40 以上。这样在混凝土硬化后，多余的水分因挥发在混凝土内形成大量的孔隙，使混凝土的密实度降低，强度下降（图 2-3-1）。

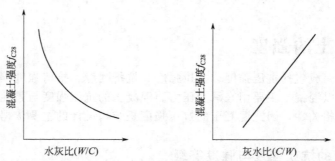

(a) 混凝土的抗压强度与水灰比之间的关系　(b) 混凝土的抗压强度与灰水比之间的关系

图 2-3-1　混凝土的抗压强度与水灰比和灰水比的关系

一般情况下，若水灰比不变，水泥强度越高，与骨料间的黏结力也越强，最终混凝土的强度也越高。

大量的试验结果表明，在原材料一定的情况下，混凝土强度与水泥的实际抗压强度和灰水比（C/W）之间的关系符合经验公式：

$$f_{混凝土} = A f_{水泥} \left(\frac{C}{W} - B \right)$$

式中　$f_{混凝土}$——混凝土 28d 的立方体抗压强度；

$\quad\quad f_{水泥}$——水泥 28d 的实际抗压强度；

$\quad\quad \dfrac{C}{W}$——灰水比；

$\quad\quad A$，B——回归系数（见表 2-3-1）。

表 2-3-1　回归系数 A，B 选用表（JGJ 55—2000）

系数 ＼ 石子品种	碎石	卵石
A	0.46	0.48
B	0.07	0.33

2. 养护条件

混凝土浇筑后必须保持足够的湿度和温度，才能保证水泥的不断水化，以使混凝土的强度不断发展。混凝土的养护条件一般可分为标准养护和同条件养护：标准养护主要是为确定混凝土的强度等级时采用；同条件养护是为检验浇注的混凝土工程或构件混凝土的实际强度时采用。

为满足水泥水化的需要，浇注后的混凝土必须保持一定时间的湿润，过早失水，造成强度下降，而且形成疏松的结构，产生大量的干缩裂缝，进而影响混凝土的耐久性。图 2-3-2 是不同湿度条件下混凝土强度发展曲线。

温度降低，则水泥水化作用缓慢，混凝土强度增长也较慢；当温度降至冰点以下时，拌合水结冰，水泥水化停止并使混凝土遭受冰害破坏作用。所以维持较高的养护温度，能有效提高混凝土强度的发展速度。图 2-3-3 是不同温度条件下混凝土的强度发展曲线。

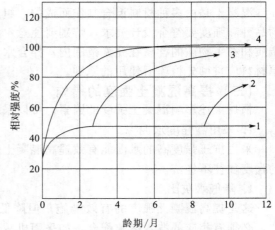

图 2-3-2　湿度对混凝土强度发展的影响

1—空气养护；2—9 个月后水中养护；
3—3 个月后水中养护；4—标准湿度条件下养护

3. 龄期

在正常不变的养护条件下，混凝土的强度随龄期的增长而提高。一般早期（3～14d）增长较快，以后逐渐变缓，28d 后增长更加缓慢，但可延续几年甚至几十年。如图 2-3-4 所示。

在工程实际中，通常采用同条件养护来检验混凝土的质量。为此，《混凝土结构工程施工质量验收规范》（GB 50204—2002）提出了同条件养护混凝土养护龄期的确定原则。

① 等效养护龄期应根据同条件养护试件强度与在标准养护条件下 28d 龄期试件强度相等的原则确定。

② 同条件自然养护试件的等效养护龄期，宜根据当地的气温和养护条件确定。等效养护龄期可取按日平均温度逐日累计达到 600℃·d 时所对应的龄期，0℃ 及以下的龄期不计入；等效养护龄期不应小于 14d，也不宜大于 60d。

4. 施工质量

混凝土的搅拌、运输、浇注、振捣、现场养护是一复杂的施工过程，受到各种不确定的随机因素的影响。配料的准确、振捣密实的程度、拌合物的离析、现场养护的控制等因素都会造成混凝土强度的变化。因此，必须采取有效的手段提高施工质量，保证混凝土强度有一个良好的发展前提。

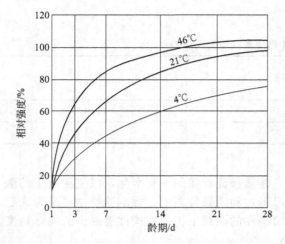

图 2-3-3　温度对混凝土强度发展的影响　　　　图 2-3-4　普通混凝土与龄期的变化关系

5. 组成材料

混凝土是由多种材料混合制作而成的，组成材料的品质是其强度正常发展的基础。水泥的品种和强度要符合设计要求，特别要注意水泥的有效期和储存条件；粗、细骨料应控制其杂质和有害物质的含量在允许范围内；拌合水、外加剂的质量应符合相应的标准要求。所有原材料应贯彻先检验后使用的原则。

（三）提高混凝土强度的措施

根据上述影响混凝土强度的因素，可以采取以下相应的技术措施来提高混凝土的强度。

1. 采用高强度水泥

采用抗压强度高的水泥能有效提高混凝土的强度，但单纯依靠高强度水泥来提高混凝土的强度往往不经济。

2. 降低水灰比

这是提高混凝土强度的有效措施，但降低水灰比会使混凝土拌合物的工作性下降。因此，必须有相应的技术措施配合，如采用机械强力振捣、掺入减水剂等。

3. 改进施工工艺

高速搅拌法、二次投料搅拌法和高频振捣法等新的施工工艺，可使混凝土拌合物在低水灰比的情况下更加均匀密实，在实际工程应用中取得了良好的效果。

4. 掺入减水剂和矿物质超细粉

广泛而有效地利用矿物质超细粉与新型高效减水剂是现代混凝土技术发展的两个重要方向。

硅灰、超细矿渣、超细粉煤灰这些矿物质超细粉掺入到水泥中后，能填充水泥颗粒间的空隙，降低空隙体积，提高水泥石的密实度；减少泌水、离析与分层，改善混凝土的内部结构提高混凝土的抗渗性和耐久性。

减水剂的应用使混凝土拌合物在低水灰比的情况下保持良好的流动性，有利于施工质量的保证。尤其是高强混凝土的配制，采用新型高效减水剂已成为关键的技术措施。

二、硬化混凝土的耐久性

混凝土结构物除要求具有设计强度，以保证建筑物能安全承受荷载外，还应具有耐久性，即保证混凝土在长期自然环境及使用条件下保持其使用性能。下面介绍几种常见的耐久性问题。

1. 混凝土的抗渗性

混凝土的抗渗性，是指混凝土抵抗水、油等压力液体渗透作用的能力。它对混凝土耐久性起着重要作用；另外，它还直接影响混凝土的抗冻性和抗侵蚀性。

混凝土的抗渗性用抗渗等级 P 表示。它是以 28d 龄期的标准试件，按规定方法试验，以试件不渗水时所承受的最大水压（MPa）来确定。抗渗等级有 P6、P8、P10、P12……即表示混凝土能抵抗 0.6MPa、0.8MPa、1.0MPa……水压而不渗水。

提高混凝土抗渗性的关键是提高密实度，改善混凝土的内部孔隙结构。具体措施有降低水灰比，采用减水剂，掺加引气剂，选用致密、干净、级配良好的骨料，加强养护等。

2. 混凝土的抗冻性

混凝土的抗冻性是指混凝土在饱和水状态下遭受冰冻时，抵抗冻融循环作用而不破坏的能力。冻融破坏原因是混凝土中水结冰后发生体积膨胀，当膨胀力超过其抗拉强度时，便使混凝土产生微细裂缝，反复冻融使裂缝不断扩展，导致混凝土强度降低直至破坏。

混凝土抗冻性以抗冻等级来表示。抗冻性是以 28d 龄期的试块在吸水饱和后于 $-20\sim-15℃$ 和 $15\sim20℃$ 反复冻融循环，以同时满足强度损失率不超过 25%，质量损失率不超过 5% 时的最多循环次数来确定。混凝土抗冻等级分为 F50、F100、F150 及 F150 以上，分别表示混凝土能够承受反复冻融循环次数不小于 50、100、150 及以上。

影响混凝土抗冻性的主要因素有水泥品种、水灰比及骨料的坚固性等。提高抗冻性的措施是提高密实度、减小水灰比和掺加引气剂或减水型引气剂等。

3. 混凝土的抗侵蚀性

当混凝土所处的环境水有侵蚀性时，必须对侵蚀这个问题予以重视。环境侵蚀主要是指对水泥石的侵蚀。海水中氯离子还会对钢筋起锈蚀作用，促使混凝土破坏。混凝土的抗侵蚀性主要在于选用合适的水泥品种和提高混凝土密实度。密实性好及具有封闭孔隙的混凝土，环境水不易侵入，故抗侵蚀性好。

4. 混凝土的碳化

混凝土的碳化，是指空气中的二氧化碳渗透到混凝土后，与混凝土内水泥石中的氢氧化钙起化学反应，生成碳酸钙和水，使混凝土碱度降低的过程，此现象也称中性化。我们知道，在水泥水化过程中生成大量的氢氧化钙，使混凝土孔隙中充满饱和的氢氧化钙溶液，pH 值为 $13\sim14$。在这种碱性环境中，混凝土构件中的钢筋表面能形成一层难溶的氧化铁钝化膜，对钢筋具有良好的保护作用。但是，当碳化过深接触钢筋时，起保护作用的钝化膜已中性化，在水和空气作用下，钢筋随即产生腐蚀，并由此引起混凝土的体积膨胀，使保护层出现裂缝及剥离等破坏现象，混凝土强度降低。此外，碳化还能引起混凝土收缩，使混凝土表面产生微细裂缝。碳化也有有利一面，表层混凝土碳化时生成的碳酸钙，可填充水泥石的孔隙，提高密实度，防止有害物质的侵入。

影响碳化的因素主要有以下几项：一是水泥品种。硅酸盐水泥要比早强硅酸盐水泥碳化稍快一些，掺混合材料的水泥比普通硅酸盐水泥碳化快一些。二是水灰比。水灰比越大，碳化速度越快，反之则越慢。三是外界因素。主要是空气中的二氧化碳浓度及湿度。二氧化碳的浓度增高，碳化加快，在相对湿度达到 50%～70% 情况下，碳化速度最快。在相对湿度达到100％（或置于水中）或相对湿度小于25％（或干燥环境中）的条件下，碳化会停止。

提高混凝土抗碳化的主要方法和措施包括降低水灰比、掺入减水剂等，均可提高混凝土的密实度，从而提高抗渗性，促使碳化速度放慢。

5. 混凝土的碱-骨料反应

混凝土的碱-骨料反应，是指水泥中的碱（Na_2O 和 K_2O）与骨料中的活性二氧化硅发生反应，在骨料表面生成碱-硅酸凝胶。这种凝胶具有吸水膨胀的特性，当其膨胀时，会使包围骨料的水泥石胀裂。这种对混凝土能产生破坏作用的现象称为碱-骨料反应。

发生碱-骨料反应的原因：一是水泥中含碱量较高（Na_2O 含量大于 0.6％）；二是骨料中含有活性二氧化硅；三是水泥石中存有水分。

避免产生碱-骨料反应的主要措施有：采用低碱水泥；掺加活性混合材料，减轻膨胀反应；掺用引气剂和不用含活性 SiO_2 的骨料等。

上述影响混凝土耐久性的诸多因素，虽然不完全相同，但却有两个共同之处，即主要取决于组成材料的质量与混凝土本身的密实度。

6. 提高混凝土耐久性的措施

提高混凝土耐久性的措施，主要有以下几个方面。

① 选用适当品种的水泥。

② 严格控制水灰比并保证足够的水泥用量，水灰比和最小水泥用量应满足表 2-3-2 的规定。

表 2-3-2　混凝土的最大水灰比和最小水泥用量（JGJ 55—2000）

环境条件		结构物类别	最大水灰比			最小水泥用量/kg		
			素混凝土	钢筋混凝土	预应力混凝土	素混凝土	钢筋混凝土	预应力混凝土
干燥环境		正常居住或办公用房室内部件	不做规定	0.65	0.60	200	260	300
潮湿环境	无冻害	高湿度的室内部件，室外部件在非侵蚀性土和（或）水中的部件	0.70	0.60	0.60	225	280	300
	有冻害	经受冻害的室外部件在非侵蚀性土和（或）水中且经受冻害的部件，高湿度且经受冻害的室内部件	0.55	0.55	0.55	250	280	300
有冻害和除冰剂的潮湿环境		经受冻害和除冰剂作用的室内和室外部件	0.50	0.50	0.50	300	300	300

注：1. 当用活性掺料取代部分水泥时，表中最大水灰比及最小水泥用量即为代替前的水灰比和水泥用量；
2. 配制 C15 及其以下等级的混凝土，可不受本表限制。

③ 选用质量较好的砂石，并采用级配较好的骨料，以利于提高混凝土的密实性。

④ 掺用减水剂和矿物质超细粉，提高混凝土的密实度。

⑤ 在混凝土施工中，应搅拌均匀，浇灌均匀，振捣密实，加强养护等，提高混凝土质量，增强密实性。

三、混凝土立方体抗压强度试验方法（GB/T 50081—2002）

（一）试验目的
测定混凝土立方体抗压强度，作为检验混凝土质量及确定强度等级的主要依据。

（二）主要仪器设备
试模（图 2-3-5）、振动器、压力试验机、坍落筒、称样天平、磅秤、卡尺、捣棒、抹刀、小铁铲等。

（三）取样及试样的制备
普通混凝土力学性能试验应以三个试件为一组，每组试件所用的拌合物应从同一盘混凝土或同一车混凝土中取样。取样及试样的制备同混凝土坍落度试验（GB/T 50080—2002）。

图 2-3-5　混凝土试模

（四）试件的尺寸
试件的尺寸应根据混凝土中骨料的最大粒径按表 2-3-3 选定。

表 2-3-3　混凝土试件尺寸选用表

试件尺寸/mm	骨料最大粒径/mm	抗压强度换算系数
100×100×100	31.5	0.95
150×150×150	40	1
200×200×200	63	1.05

（五）试件的制作
① 试模内表面应涂一薄层矿物油或其他不与混凝土发生反应的脱模剂。

② 在试验室拌制混凝土时其材料用量应以质量计。称量的精度：水泥、掺合料、水和外加剂为 ±0.5%；骨料为 ±1%。

③ 取样或试验室拌制的混凝土应在拌制后尽可能短的时间内成型，并至少来回拌合三次，一般不宜超过 15min。

④ 根据混凝土拌合物的稠度确定混凝土成型方法，坍落度不大于 70mm 的混凝土宜用振动振实；大于 70mm 的宜用捣棒人工捣实。

⑤ 混凝土试件制步骤具体如下。

a. 用振动台振实制作试件应按下述方法进行。

将混凝土拌合物一次装入试模，装料时应用抹刀沿各试模壁插捣并使混凝土拌合物高出试模口。

试模应附着或固定在振动台上，振动时试模不得有任何跳动振动应持续到表面出浆为止，不得过振。

b. 用人工插捣制作试件应按下述方法进行。

混凝土拌合物应分两层装入模内，每层的装料厚度大致相等。

插捣应按螺旋方向从边缘向中心均匀进行。在插捣底层混凝土时捣棒应达到试模底部；插捣上层时，捣棒应贯穿上层后插入下层 20~30mm，插捣时捣棒应保持垂直，不得倾斜。然后应用抹刀沿试模内壁插拔数次。

每层插捣的次数，按在 10000mm² 截面积内不得少于 12 次。

插捣后应用橡胶锤轻轻敲击试模四周，直至插捣棒留下的空洞消失为止。

c. 用插入式振捣棒振实制作试件应按下述方法进行。

将混凝土拌合物一次装入试模，装料时应用抹刀沿各试模壁插捣，并使混凝土拌合物高出试模口。

宜用直径为 $\phi25mm$ 的插入式振捣棒，插入试模振捣时振捣棒距试模底板 $10\sim20mm$ 且不得触及试模底板，振动应持续到表面出浆为止，且应避免过振以防止混凝土离析；一般振捣时间为 20s。

⑥ 刮除试模上口多余的混凝土，待混凝土临近初凝时，用抹刀抹平。

（六）试件的养护

① 试件成型后应立即用不透水的薄膜覆盖表面。

② 采用标准养护的试件，应在温度为 (20 ± 5)℃的环境中静置一昼夜至二昼夜，然后编号、拆模。拆模后应立即放入温度为 (20 ± 2)℃，相对湿度为 95% 以上的标准养护室中养护，或在温度为 (20 ± 2)℃的不流动的 $Ca(OH)_2$ 饱和溶液中养护。标准养护室内的试件应放在支架上，彼此间隔 $10\sim20mm$，试件表面应保持潮湿，并不得被水直接冲淋。

③ 同条件养护试件的拆模时间可与实际构件的拆模时间相同，拆模后，试件仍需保持同条件养护。

④ 标准养护龄期为 28d（从搅拌加水开始计时）。

（七）抗压强度试验步骤

① 试件从养护地点取出后应及时进行试验。将试件表面与上下承压板面擦干净，检查试件的外观，用卡尺测量试件边长的尺寸。

② 将试件安放在试验机的下压板或垫板上，试件的承压面应与成型时的顶面垂直。试件的中心应与试验机下压板中心对准，开动试验机，当上压板与试件或钢垫板接近时，调整球座，使接触均衡。

③ 在试验过程中应连续均匀地加荷，混凝土强度等级小于 C30 时，加荷速度取每秒钟 $0.3\sim0.5MPa$；混凝土强度等级不小于 C30 且小于 C60 时，取每秒钟 $0.5\sim0.8MPa$；混凝土强度等级不小于 C60 时，取每秒钟 $0.8\sim1.0MPa$。

④ 当试件接近破坏开始急剧变形时，应停止调整试验机油门，直至破坏。然后记录破坏荷载。

（八）立方体抗压强度试验结果计算及确定方法

① 混凝土立方体抗压强度应按下式计算。

$$f_{CC} = \frac{F}{A}$$

式中　f_{CC}——混凝土立方体试件抗压强度，MPa；

　　　F——试件破坏荷载，N；

　　　A——试件承压面积，mm^2。混凝土立方体抗压强度计算应精确至 0.1MPa。

② 强度值的确定应符合下列规定。

a. 三个试件测值的算术平均值作为该组试件的强度值，精确至 0.1MPa。

b. 三个测值中的最大值或最小值中，如有一个与中间值的差值超过中间值的 15% 时，则把最大及最小值一并舍除，取中间值作为该组试件的抗压强度值。

c. 如最大值和最小值与中间值的差均超过中间值的 15%，则该组试件的试验结果无效。

③ 混凝土强度等级小于 C60 时，用非标准试件测得的强度值均应乘以尺寸换算系数；当混凝土强度等级不小于 C60 时，宜采用标准试件，使用非标准试件时，尺寸换算系数应由试验确定。

四、混凝土立方体强度试件成型与养护试验的训练与考核

(一) 训练的基本要求

1. 检查内容

检查试模、振动器、捣棒、坍落筒、称样天平、磅秤、镘刀、小铁铲等是否符合使用状况，记录试验室的温度和湿度。

2. 填写试验表格

试验时应严格遵守标准规定的测定步骤，按下列形式如实填写试验原始记录表。

表格编号：＿＿＿＿＿＿＿＿＿＿＿＿＿＿＿＿＿＿＿

检测项目名称：＿＿＿＿＿＿＿＿＿＿＿＿＿＿＿　　　　　共　页　第　页

委托编号：＿＿＿＿＿＿＿＿＿＿＿　样品来源：＿＿＿＿＿＿＿　样品编号：＿＿＿＿＿＿＿＿＿＿＿＿＿

砂产地与品种：＿＿＿＿＿＿＿＿＿　　　　　　　　石子产地与品种：＿＿＿＿＿＿＿＿＿＿＿＿

水泥产地品牌：＿＿＿＿＿＿＿＿＿　　　　　　　　品种等级：＿＿＿＿＿＿＿＿＿＿＿＿＿

水泥出厂编号：＿＿＿＿＿＿＿＿＿　　　　　　　　外加剂品种：＿＿＿＿＿＿＿＿＿＿＿

取样日期：＿＿＿＿年＿＿＿月＿＿＿日　　　　　　送检日期：＿＿＿＿年＿＿＿月＿＿＿日

检验日期：＿＿＿＿年＿＿＿月＿＿＿日　　　　　　检验依据：＿＿＿＿＿＿＿＿＿＿＿

仪器名称与编号：＿＿＿＿＿＿＿＿＿＿＿＿＿＿＿＿＿＿＿＿＿＿＿＿＿＿＿＿＿＿

检测地点：＿＿＿＿＿＿＿　温度：＿＿＿＿＿＿　湿度：＿＿＿＿＿＿

检测前仪器状况：＿＿＿＿＿＿＿＿＿　检测后仪器状况：＿＿＿＿＿＿＿＿＿

混凝土配合比			
水灰比 W/C		砂率 $\beta_s/\%$	
用水量/kg		水泥用量/kg	
砂用量/kg		石用量/kg	
外加剂/kg		其他	
试件的制作与养护			
坍落度/mm		成型方法	
试件规格		强度等级	
养护条件		试验龄期	
备注			

试验员　　　　　校核教师　　　　　　　　　　　年　　月　　日

3. 试验报告

试验报告应包括如下内容：

①试验目的；②试验方法依据的标准；③仪器设备；④试验步骤；⑤试件组数；⑥试验原始记录表；⑦问答。

(1) 成型与养护试验的技术要求

① 混凝土立方体试件的规格有＿＿＿＿＿＿＿＿＿；对成型室的温度要求是＿＿＿＿＿＿＿，养护室的温湿度要求是＿＿＿＿＿＿；养护水池的温度为＿＿＿＿＿＿，溶液是＿＿＿＿＿＿。

② 试件成型后应立即用不透水的薄膜＿＿＿＿＿＿。脱模后的养护试件彼此间隔为＿＿＿＿，试件表面应保持＿＿＿＿＿＿，并不得被水＿＿＿＿＿＿。标准养护龄期为＿＿＿＿＿＿。

③ 试件的成型方法，坍落度不大于 70mm 的混凝土宜用＿＿＿＿＿＿；大于 70mm 的宜用＿＿＿＿＿＿；检验现浇混凝土或预制构件的混凝土试件成型方法宜与实际采用的方法＿＿＿＿＿＿。

④ 人工插捣制作试件时，混凝土拌合物应分＿＿＿＿＿＿装入模内，每层的装料厚度＿＿＿＿＿＿。插捣应按螺旋方向从＿＿＿＿＿＿进行，每层插捣次数按在 10000mm² 截面积内不得少于＿＿＿＿＿＿次；插捣后应用橡胶锤轻轻敲击试模四周，直至＿＿＿＿＿＿。

（2）成型试验仪器设备的身份参数

① 试模：生产厂家＿＿＿＿＿＿＿＿＿＿＿＿＿＿＿＿；规格＿＿＿＿＿＿＿＿＿＿＿＿＿＿＿；出厂编号＿＿＿＿＿＿＿。

② 振动器：生产厂家＿＿＿＿＿＿＿＿＿＿＿＿＿；类型＿＿＿＿＿＿＿＿＿＿＿＿＿＿；仪器型号＿＿＿＿＿＿；出厂编号＿＿＿＿＿＿＿；频率与振幅＿＿＿＿＿＿＿。

③ 卡尺：生产厂家＿＿＿＿＿＿＿＿＿＿＿＿＿＿；仪器型号＿＿＿＿＿＿＿＿＿＿＿＿＿；出厂编号＿＿＿＿＿＿；分度值＿＿＿＿＿＿；量程＿＿＿＿＿＿＿。

（二）操作时应注意的事项

① 取样或拌制好的混凝土拌合物在装模前应至少用铁锹再来回拌合三次。

② 取样或试验室拌制的混凝土应在拌制后尽量短的时间内成型，一般不宜超过 15min。

③ 试件的成型方法应根据混凝土拌合物的坍落度来确定：坍落度不大于 70mm 的混凝土宜用振动振实；大于 70mm 的宜用捣棒人工捣实。

检验现浇混凝土或预制构件的混凝土试件成型方法宜与实际采用的方法相同。

④ 用人工插捣制作试件时，每层插捣的次数，由试件的面积确定，按在 10000mm² 截面积内不得少于 12 次插捣的规定。一般的做法是：100mm×100mm×100mm 的试件插捣 12 次；150mm×150mm×150mm 的试件插捣 25 次；200mm×200mm×200mm 的试件插捣 50 次。插捣时捣棒应保持垂直，不得倾斜；插捣后应用橡胶锤轻轻敲击试模四周，直至插捣棒留下的空洞消失为止。

⑤ 振捣棒拔出时要缓慢，拔出后不得留有孔洞。

⑥ 成型试验室的温度应保持在（20±5）℃，所用材料的温度应与试验室温度保持一致。

（三）训练与考核的技术要求和评分标准

操作训练与考核项目：强度试件的成型

学生姓名＿＿＿＿＿＿，班级＿＿＿＿＿＿，学号＿＿＿＿＿＿

技术要求	配分	评分细则 括弧内的数字为该项分值，否则取平均分	得分
仪器设备检查	15（分）	①坍落筒、称样天平、磅秤检查（5） ②试模、振动器检查（5） ③试模涂油、选择正确（5）	
试样制备	25（分）	①各物料称量精度符合要求（5） ②坍落度测量方法正确（15） ③试模和成型方法选择正确（5）	
操作步骤	50（分）	①成型方法选择正确（5） ②装料方式符合要求（5） ③捣实操作规范（5） ④刮平操作符合要求（5） ⑤试件处置符合规定（5） ⑥编号处置合理（5） ⑦脱模时间符合规定（5） ⑧拆模与装模符合要求（5） ⑨养护温湿度符合规定（5） ⑩试件放置符合要求（5）	
安全文明操作	10（分）	①操作台面整洁（5） ②无安全事故（5）	

评分：　　　　　　　　　　　　　　　　教师（签名）：

(四) 讨论与总结

1. 讨论及总结内容

简述混凝土强度试件成型与养护的试验目的、仪器设备、操作步骤及其相应的技术要求。

2. 操作应注意事项

结合操作时应注意的事项，讨论影响成型与养护的主要因素及其控制方法。

(1) 操作的影响

① 振实后，试件表面泌水严重：过振，振动到表面出浆时即停止。

② 脱模后试件出现麻面蜂窝状：抹平操作不规范，装料或插捣后应用抹刀沿试模内壁插拔数次。

③ 脱模困难：装模时涂油太少或不匀。

④ 脱模时试件损坏：脱模时用力过猛，小心脱模。

⑤ 试件顶面有凹坑：捣实操作不规范。人工插捣时，插捣后应用橡胶锤轻轻敲击试模四周，直至插捣棒留下的空洞消失为止；用插入式振捣棒振实时，振捣棒拔出时要缓慢，拔出后不得留有孔洞。

(2) 仪器设备的影响　国家标准对混凝土强度试件成型与养护试验所用设备的技术要求有明确的规定。

① 试模：试模应符合《混凝土试模》(JG 3019) 中技术要求的规定。应定期对试模进行自检，自检周期宜为 3 个月。

② 振动台：振动频率 (50±3) Hz，振幅 (0.5±0.1) mm。振动台应符合《混凝土试验室用振动台》(JG/T 3020) 中技术要求的规定，应具有有效期内的计量检定证书。

③ 卡尺：量程大于 200mm，分度值为 0.02mm。

五、混凝土立方体抗压强度试件破型试验训练与考核

(一) 训练的基本要求

1. 检查内容

检查立方体强度试件、压力试验机等是否符合使用状况，记录试验室的温度和湿度。

2. 填写试验表格

试验时应严格遵守标准规定的测定步骤，按下列形式如实填写试验原始记录表。

表格编号：＿＿＿＿＿＿＿＿＿＿＿＿＿＿＿＿＿＿＿＿＿＿＿＿

检测项目名称：＿＿＿＿＿＿＿＿＿＿＿＿＿＿＿＿＿＿＿＿　共　页　第　页

委托编号：＿＿＿＿＿＿＿＿　样品来源：＿＿＿＿＿＿＿　样品编号：＿＿＿＿＿＿＿＿＿

砂产地与品种：＿＿＿＿＿＿＿＿＿＿＿＿＿　石子产地与品种：＿＿＿＿＿＿＿＿＿＿

水泥产地品牌：＿＿＿＿＿＿＿＿＿＿＿＿＿　品种等级：＿＿＿＿＿＿＿＿＿＿＿＿＿

水泥出厂编号：＿＿＿＿＿＿＿＿＿＿＿＿＿　外加剂品种：＿＿＿＿＿＿＿＿＿＿＿＿

取样日期：＿＿＿年＿＿＿月＿＿＿日　　　送检日期：＿＿＿年＿＿＿月＿＿＿日

检验日期：＿＿＿年＿＿＿月＿＿＿日　　　检验依据：＿＿＿＿＿＿＿＿＿＿＿＿＿＿

仪器名称与编号：＿＿＿＿＿＿＿＿＿＿＿＿＿＿＿＿＿＿＿＿＿＿＿＿＿＿＿＿＿＿＿

检测地点：＿＿＿＿＿＿＿　温度：＿＿＿＿＿＿　湿度：＿＿＿＿＿＿＿＿＿＿＿＿＿

检测前仪器状况：＿＿＿＿＿＿＿＿＿＿　检测后仪器状况：＿＿＿＿＿＿＿＿＿＿＿＿

混凝土配合比			
水灰比 W/C		砂率 $\beta_s / \%$	
用水量 / kg		水泥用量 /kg	

续表

混凝土配合比			
砂用量/kg		石用量/kg	
外加剂/kg		其他	

试件的制作与养护			
坍落度/mm		成型方法	
试件规格		强度等级	
养护条件		试验龄期	
试件尺寸/mm		长　　宽　　高	

试验结果				
	编号	荷重/kN		强度/MPa
抗压强度	1			
	2			
	3			
	平均			
结果				
备注				

操作员　　　　　　　　校核教师　　　　　　　　　　　　　年　　月　　日

3. 试验报告

试验报告应包括如下内容：

①试验目的；②试验方法依据的标准；③仪器设备；④试验步骤；⑤试件组数；⑥试验原始记录表；⑦问答。

（1）混凝土立方体强度试件破型的技术要求

① 抗压试验的加荷速度要求是＿＿＿＿＿＿＿＿＿＿＿＿＿＿＿＿＿＿＿＿＿＿＿＿＿。

② 当试件接近破坏开始急剧变形时，应＿＿＿＿＿＿＿，直至破坏。试件破坏荷载应大于压力机全量程的＿＿＿＿＿＿且小于压力机全量程的＿＿＿＿＿＿。

③ 三个试件测值的＿＿＿＿＿＿作为该组试件的强度值，精确至 0.1MPa；三个测值中的最大值或最小值中，如有一个与＿＿＿＿＿＿的差值超过中间值的＿＿＿＿＿＿时，则把最大及最小值一并舍除，取＿＿＿＿＿＿作为该组试件的抗压强度值。如最大值和最小值与＿＿＿＿＿＿的差均超过中间值的＿＿＿＿＿＿，则该组试件的试验结果无效。

④ 试件各边长的尺寸的公差不得超过＿＿＿＿＿＿。当混凝土强度等级不小于 C60 时，宜采用＿＿＿＿＿＿。

（2）混凝土立方体强度试件破型设备的身份参数

液压式压力机：生产厂家＿＿＿＿＿＿＿＿＿＿＿＿；仪器型号＿＿＿＿＿＿＿＿＿＿＿＿；出厂编号与日期＿＿＿＿＿＿＿＿；计量最小刻度＿＿＿＿＿＿；最大量程范围＿＿＿＿＿＿。

（二）破型试验操作时应注意的事项

① 试件破坏荷载应大于压力机全量程的 20% 且小于压力机全量程的 80%。

② 试件的相邻面间的夹角应为 90°，其公差不得超过 0.5°；试件各边长尺寸的公差不得超过 1mm。

③ 混凝土强度等级不小于 C60 时，试件周围应设防崩裂网罩。

④ 试件的承压面应与成型时的顶面垂直，试件的中心应与试验机下压板中心对准。

（三）混凝土立方体强度试件破型试验训练与考核的技术要求和评分标准

操作训练与考核项目：混凝土立方体强度试件破型

学生姓名＿＿＿＿＿＿，班级＿＿＿＿＿＿，学号＿＿＿＿＿＿

考核项目：混凝土立方体强度试件破型　　　　时间要求：10min

技术要求	配分	评分细则 括弧内的数字为该项分值，否则取平均分	得分
仪器设备检查	10（分）	①压力机量程范围检查（5） ②抗压机指针调零（5）	
试件准备	8（分）	①试件检查（2） ②试件尺寸测量（6）	
操作步骤	48（分）	①压板清扫（6） ②试件放置位置合适（6） ③受力面正确（6） ④开机顺序正确（6） ⑤加荷速度符合国标要求（6） ⑥回油速度适当（6） ⑦关机顺序正确（6） ⑧抗压试验机指针复位（6）	
结果确定	24（分）	①数据记录符合要求（8） ②计算结果正确（8） ③数据处理得当（8）	
安全文明操作	10（分）	①操作台面整洁（4） ②无安全事故（6）	

实际操作时间（min）：　　　　　　　　超时扣分（3分/min）：

评分：　　　　　　　　　　　　　　教师（签名）：

（四）讨论与总结

1. 讨论及总结内容

简述混凝土立方体强度试件破型的试验目的、仪器设备、操作步骤及其相应的技术要求。

2. 操作应注意的事项

结合破型操作时应注意的事项，讨论影响混凝土立方体强度试件破型试验的主要因素及其控制方法。

（1）操作的影响

① 抗压强度测定值波动较大：加荷操作控制不当。加荷操作不易掌握，若要按标准严格控制加荷速度须细心多练。

② 抗压试验时送油时间过长：回油过多，调整好回油位置。

③ 试件尺寸误差较大：检查试模是否符合要求。

（2）仪器设备的影响　国家标准对混凝土立方体强度试件破型试验所用设备的技术要求有明确的规定。

压力试验机除应符合《液压式压力试验机》（GB/T 3722）及《试验机通用技术要求》（GB/T 2611—2007）中技术要求外，其测量精度为±1%，试件破坏荷载应大于压力机全量程的 20% 且小于压力机全量程的 80%。

应具有加荷速度指示装置或加荷速度控制装置，并应能均匀、连续地加荷。

应具有有效期内的计量检定证书。

六、阅读与了解

混凝土的其他强度[*]

1. 抗拉强度

混凝土在单轴向拉力作用下的应力、应变曲线类型、弹性模量和泊松比均与单轴向压力作用下的相似。但在单轴向拉力作用下，混凝土中的裂缝扩展方向垂直于拉应力，因此，少量的裂缝搭接就会引起失稳扩展，导致混凝土断裂破坏，而不像压应力作用下混凝土被许多裂缝所破坏。由于这一特点，混凝土的抗拉强度比抗压强度要小得多。

要直接测试混凝土的抗拉强度是很困难的，通常采取两种间接拉伸试验方法估计混凝土的抗拉强度，即劈裂拉伸试验所得的劈裂抗拉强度和抗折试验所得的抗弯强度。

图 2-3-6 为混凝土劈裂拉伸试验示意图。其中的图（a）为我国所用，边长为 150mm 的立方体试件加载简况；图（b）为日本、美国等所用圆柱体试件加载简况。通过光测弹性试验证明了方块承受集中荷载的应力分布与圆盘承受集中荷载的理论应力计算结果十分接近，如图 2-3-7（a），（b）所示。它们的实际应力分布如图 2-3-8 所示。因此，可以采用相同的方法计算两者的劈裂抗拉强度（f_{st}）。

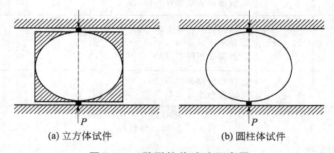

(a) 立方体试件   (b) 圆柱体试件

图 2-3-6 劈裂拉伸试验示意图

立方体试件 $$f_{st} = \frac{2p}{\pi a^2} \text{（MPa）}$$

圆柱体试件 $$f_{st} = \frac{2p}{\pi d l} \text{（MPa）}$$

式中 p——破坏荷载，N；

     a——立方体受拉断面平均边长，mm；

     d，l——圆柱体受拉断面的平均直径和平均长度，mm。

图 2-3-9 所示为混凝土抗折试验示意图，其中的图（a）为混凝土三分点加载抗折试验简图，图（b）为弯曲荷载下混凝土梁沿深度的应力分布。抗弯强度以断裂模量表示，以下式计算：

$$f_f = PL/bd^2$$

式中 f_f——断裂模量，MPa；

     P——破坏荷载，N；

     L——跨距，mm；

     b——试件宽，mm；

     d——试件高，mm。

已知混凝土劈裂抗拉强度为直接抗拉强度的 110%～115%，而抗折断裂强度为直接抗拉强度 150%～200%。通常混凝土直接抗拉强度与抗压强度之比（f_t/f_c）在 0.07～0.11 之间变

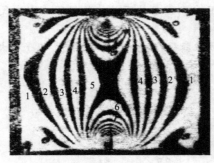

(a) 方块承受集中荷载等色线

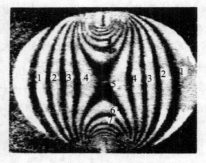

(b) 圆盘承受集中荷载等色线

图 2-3-7　光测弹性试验

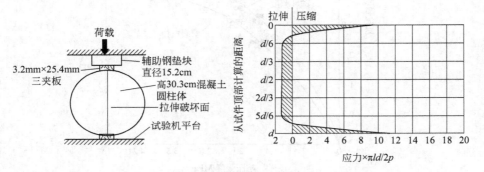

图 2-3-8　劈裂拉伸试验及试件中应力分布

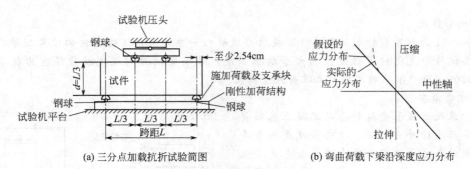

(a) 三分点加载抗折试验简图　　　　(b) 弯曲荷载下梁沿深度应力分布

图 2-3-9　混凝土抗折试验示意图

化，所以 f_{st}/f_c 稍高，在 $0.08\sim0.14$ 之间变化；而 f_f/f_c 更高，在 $0.11\sim0.23$ 之间变化。f_t 与 f_c 相联系的公式都有局限性，目前采用较多的主要有如下几种。

美国混凝土协会（ACI）提出的关系式为：

$$f_t = 0.62(f_c)^{1/2}　（MPa）$$

欧洲混凝土协会（CEB）提出的关系式为：

$$f_t = 0.3(f_c)^{2/3}　（MPa）$$

影响混凝土抗压强度的因素基本上也同样地影响着混凝土的抗拉强度，但对抗拉强度的影响有以下特点。

① 当混凝土龄期或强度水平增加时，f_f/f_c 减小（图 2-3-10），这意味着抗拉强度的增长较抗压强度慢。

② 选用碎石作粗骨料，一般能提高 f_f/f_c 的比值。

③ 抗拉强度对养护条件很敏感，水中养护且在潮湿条件下试验的混凝土比空气中养护的混凝土有更高的 f_f / f_c 之比值。

④ 捣实不充分或加气对抗压强度的影响大于抗拉强度，即尽管 f_f / f_c 似乎增大，实际上是抗压强度比抗拉强度降低更甚。

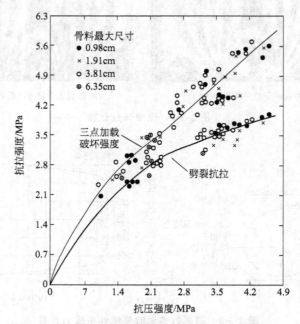

图 2-3-10　混凝土抗压与抗拉、劈裂抗拉强度之关系

2. 抗剪强度

图 2-3-11 为对某些特定断面进行直接抗剪试验的一些方法，这些方法由于弯矩等因素的影响，一些试验中发现抗剪强度仅稍大于抗拉强度，另一些试验则发现抗剪强度为抗压强度的 $50\%\sim90\%$，所以很难确定混凝土抗剪强度真值。

3. 冲击强度

对于混凝土桩承受施打力及混凝土基础要承受设备产生的冲击力时，冲击强度是很重要的，当然对会发生偶然性冲击的场合也是必须顾及的。

冲击强度的测试目前还没有标准方法，常见的是以混凝土试件承受重复落球的能力和吸收的能量为抗冲击强度的评定标准。尤其以落球不回弹前的落球冲击次数来表征冲击强度。图 2-3-12 是 Green 的部分研究结果。由该图可见，表面粗糙或多棱角的粗骨料有利于提高冲击强度；养护条件不同时，保存在空气中的混凝土冲击强度大于保存在水中的混凝土冲击强度。

一些研究人员发现，冲击强度约在立方体抗压强度的 $0.50\sim0.75$ 之间变动；另有研究人员提出，冲击强度可能与抗拉强度关系更密切；

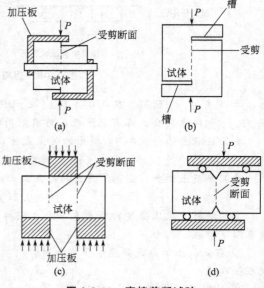

图 2-3-11　直接剪断试验

还有研究人员认为冲击强度与其他强度无关。

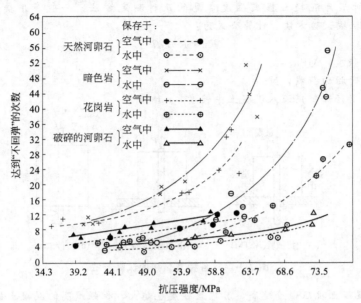

图 2-3-12　Green 的部分混凝土冲击试验结果

4. 疲劳强度

混凝土在受到低于静破坏强度的荷载下，经反复多次的加荷卸荷而破坏，称为疲劳或疲劳破坏。工程实际中桥梁等是承受大量反复荷载作用的混凝土结构物，在设计中必须考虑混凝土的疲劳强度。

疲劳试验一般要考虑荷载循环次数（N）及荷载循环特征系数（$\rho=$ 卸载下限应力/加载上限应力），如图 2-3-13（a）所示。我国对混凝土抗压疲劳强度试验，规定循环次数 $N=200$ 万次，进而测定在此循环次数下混凝土不破坏的上限应力，即为该混凝土在此 ρ 值下的（抗压）疲劳强度，如图 2-3-13（b）所示。一般认为混凝土 200 万次的疲劳强度为静强度的 55%～65%。

混凝土与金属材料不同，无疲劳限度，如图 2-3-13（b）所示。

对混凝土除考虑抗压疲劳以外，根据工程需求有时还需考虑抗拉、抗弯疲劳及钢筋握裹疲劳。对后几种我国目前尚未制定标准试验方法。

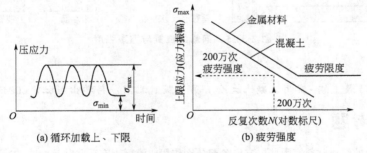

(a) 循环加载上、下限　　　(b) 疲劳强度

图 2-3-13　疲劳试验

5. 混凝土与钢筋的握裹强度

混凝土对钢筋形成握裹力的主要因素有三个：①水泥浆凝结后对钢筋的黏结力；②基于混凝土收缩对钢筋的侧压力而产生的混凝土-钢筋界面摩擦力；③钢筋表面凹凸纹理形成的机械抗力。

混凝土的握裹强度随混凝土性能、钢筋种类、钢筋在混凝土中位置、试验方法等而变化。

如图 2-3-14 所示为混凝土握裹强度常见的几种测定方法，一般多用美国材料试验学会（ASTM）规定的拉拔试验方法。计算公式为：

$$\tau = P / \pi d l$$

式中　τ——握裹强度，MPa；

　　　P——拔出时拉力荷载，N；

　d，l——钢筋直径和钢筋埋入混凝土中长度，mm。

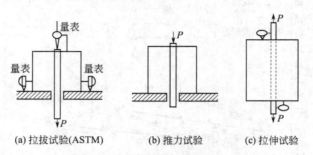

(a) 拉拔试验(ASTM)　　　(b) 推力试验　　　(c) 拉伸试验

图 2-3-14　各种握裹强度试验方法

一般认为，混凝土抗压强度越高，其握裹强度也越大，但强度高的混凝土握裹强度的增长率相应较小。另外，相同的混凝土对光圆钢筋的握裹强度明显小于对螺纹钢筋的握裹强度。

握裹强度会因钢筋的配置方向而异，可能由于混凝土泌水会在钢筋下缘形成空隙，使握裹力减弱之故。图 2-3-15 是德国的一个试验例子。

此外，温度升高也会使混凝土的握裹强度下降。据报道在 200～300℃ 时的握裹强度只及室温时的 50% 左右。

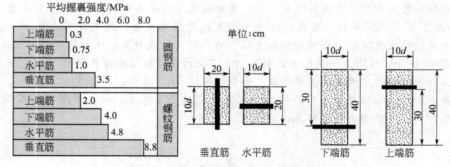

图 2-3-15　钢筋的位置与握裹强度

* 摘自：冯乃谦主编. 实用混凝土大全. 第 1 版. 北京：科学出版社，2001.

复习思考题

1. 普通混凝土的组成材料有哪些？它们各起什么作用？混凝土有哪些种类？

2. 混凝土在建筑工程应用中的基本要求是什么？

3. 普通混凝土对组成材料有什么技术质量要求？组成材料中的有害物质有哪些？

4. 砂、石的颗粒级配与粗细程度如何评定？有何实际意义？

5. 配制混凝土时，根据什么原则确定石子的最大粒径？

6. 何谓减水剂？减水剂的作用机理是什么？减水剂有什么作用效果？

7. 何谓混凝土的工作性？如何评定混凝土的工作性？

8. 影响混凝土工作性的因素有哪些？如何改善混凝土拌合物的工作性？

9. 何谓"恒定用水量法则"？合理砂率的含义是什么？

10. 混凝土立方体抗压强度试件的规格有哪些？它们之间的强度关系怎样？怎样表示混凝土的强度等级？

11. 何谓混凝土的标准养护条件？何谓混凝土的同条件养护？

12. 影响混凝土强度的因素哪些？水泥强度和水灰比与混凝土强度的关系怎样表述？

13. 采取什么措施可以提高混凝土的强度？

14. 简述温湿度对混凝土强度的影响。

15. 描述混凝土耐久性的主要指标有哪些？如何提高混凝土的耐久性？

16. 混凝土碳化的原因是什么？有什么危害？

第三章
建筑钢材的物理性能与检验

第一节　建筑钢材的基本知识

钢材是以铁为主要元素，含碳量一般在 2% 以下，并含有其他元素的材料。

建筑钢材是指在建筑工程中使用的各种钢材，包括钢结构用的各种型材（如角钢、工字钢、槽钢、钢管等）、板材，以及混凝土结构用的钢筋、钢丝等。

钢材是在严格控制的技术条件下生产的材料，因此材质均匀，性能稳定可靠；同时又具有金属材料的特点：强度高，具有一定的塑性和韧性，可焊接、铆接及螺栓连接，便于装配。其缺点是因易锈蚀而维护费用较高。

钢材的这些特点决定了它是经济建设中的重要材料之一。建筑上由各种型钢组成的钢结构安全性高，自重较轻，适用于大跨度和高层建筑。但由于材料成本和维护费用高的缺点，钢材的大量应用受到了限制。将钢材和混凝土两种材料复合组成钢筋混凝土结构，既能发挥钢材强度高、塑性和韧性良好的优势，又可防止钢材锈蚀，同时还降低了工程的材料成本和维护成本。所以，钢材在建筑工程中得到广泛的应用。

一、钢的冶炼和分类

1. 钢的冶炼

把铁矿石、焦炭、石灰石（助熔剂）按一定比例投入高炉中，在炉内高温条件下，焦炭中的碳与铁矿石中的氧化铁反应，将矿石中的铁还原出来，同时产生的一氧化碳或二氧化碳由炉顶排出。主要化学过程如下：

$$2Fe_2O_3 + 3C \Longrightarrow 4Fe + 3CO_2 \quad 或 \quad Fe_2O_3 + 3C \Longrightarrow 2Fe + 3CO$$

通过这个过程得到的铁，含有较多的碳和其他杂质，其性能既硬且脆。此过程称为炼铁。

铁在炼钢炉中需要再次冶炼才能成为钢。在熔化的铁水中吹入空气或纯氧，将铁中残留的碳和其他杂质（如硫、磷等）进一步除去，并加入锰、硅、铝等脱氧剂与剩余的氧化铁反应，还原出铁达到去氧的目的。

2. 钢的分类

由上述可知，炼钢的过程就是把铁中的碳降到预定的范围，其他杂质降到允许的范围；同时其他元素的加入，也会对钢的性能带来较大的影响。钢的分类方法很多，但因钢材的质量主要由化学成分决定，因此最重要的分类方法是按主要化学成分划分。

（1）按主要化学成分划分　按主要化学成分划分有碳素钢和合金钢两大类。

① 碳素钢。根据含碳量又可分为：低碳钢（$C < 0.25\%$）、中碳钢（$C = 0.25\% \sim 0.60\%$）、高碳钢（$C > 0.60\%$）。

② 合金钢。冶炼时有意加入一种或多种其他合金元素，如 Si、Mn、Ti、V、Cr 等，用于改善钢的性能或使其获得某些特殊性能。以合金元素总量划分为：低合金钢（合金元素总量低于 5%）、中合金钢（合金元素总量 5%～10%）、高合金钢（合金元素总量 10% 以上）。

（2）按有害杂质含量划分　按有害杂质（P 和 S）含量分为：普通钢（P%≤0.045%，S%≤0.050%）；优质钢（P%≤0.035%，S%≤0.035%）；高级优质钢（P%≤0.025%，S%≤0.025%）。

二、钢材的技术性能

钢材的性能主要包括抗拉性能、冲击韧性、耐疲劳性、硬度和冷弯性能等内容。

1. 抗拉性能

抗拉性能是表示钢材性能的重要指标。钢材的抗拉性能采用拉伸试验测定，如图 3-1-1 所示为低碳钢拉伸时应力-应变的关系。

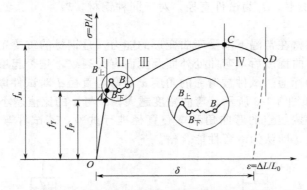

图 3-1-1　低碳钢（软钢）受拉的应力-应变图

（1）低碳钢拉伸经历的四个阶段　从图 3-1-1 中可以看出，低碳钢拉伸时经历了四个阶段。

① 弹性阶段（$O{\to}A$）：OA 段为一直线，说明应力与应变成正比关系。如卸去拉力，试件能恢复原状，这种性质称为弹性，所以这个阶段称为弹性阶段。

② 屈服阶段（$A{\to}B$）：当拉伸应力超过 A 点后，应力应变不再成正比关系。此时应力不再增加，而应变却迅速增长，说明钢材暂时失去了抵抗变形的能力，这种现象称为屈服。这个阶段称为屈服阶段（AB 段）。此时，若卸去拉力，试件不能恢复到原长，这种性质称为塑性。不能恢复的变形叫塑性变形。

③ 强化阶段（$B{\to}C$）：过了 B 点后，钢材的内部组织重新建立了新的平衡，又恢复了抵抗外力的能力，此时曲线又开始上升，直到最高点 C。BC 段称为强化阶段。

④ 颈缩阶段（$C{\to}D$）：当曲线到达 C 点后，试件薄弱处急剧缩小，塑性变形迅速增加，产生"颈缩现象"，如图 3-1-2 所示。此时试件完全失去抵抗能力，很快被拉断。这个阶段称为颈缩阶段。

（2）表示抗拉性能的三项指标　钢材抵抗拉应力所表现出来的特质，可以用屈服强度、抗拉强度、伸长率三项指标来表示。

① 屈服强度（屈服点）f_Y。分为上屈服强度（$B_上$）和下屈服强度（$B_下$），一般以下屈服强度表示。它表示钢材在工作状态下允许达到的最高值，

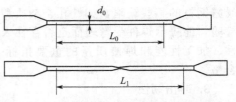

图 3-1-2　钢材拉伸试件颈缩现象示意图

是钢材设计取值的主要依据。

② 抗拉强度（极限强度）f_u。钢材在拉力作用下所能承受的最大拉应力即对应 C 点处的应力。在结构设计中，抗拉强度不能直接利用，但屈强比 f_Y/f_u 即屈服强度与抗拉强度之比却能反映钢材的利用率和结构安全可靠程度。屈强比小，说明结构的安全可靠性较大，但钢材的利用率较低；屈强比大，说明结构安全可靠性较小，但钢材的利用率较高。建筑结构合理的屈强比一般为 0.60～0.75。

③ 伸长率 δ。试件拉伸后测出的拉伸标距部分的长度 L_1 与试件原标距长度 L_0 比较，按下式计算出伸长率 δ。

$$\delta = \frac{L_1 - L_0}{L_0} \times 100\%$$

伸长率是衡量钢材塑性的重要指标，δ 大，塑性变形大，便于各种冷加工；δ 小，塑性变形小，钢质呈脆性，易断裂破坏。伸长率与原标距的长度有关，通常以 δ_5 和 δ_{10} 分别表示 $L_0 = 5d_0$ 和 $L_0 = 10d_0$ 时的伸长率，d_0 为试件直径。对于同种钢材，$\delta_5 > \delta_{10}$。

2. 冷弯性能

冷弯性能是指钢材在常温下承受弯曲变形的能力，是钢材的重要工艺性能。冷弯是通过检验试件经规定的弯曲程度后，弯曲处外面及侧面有无裂纹，是否起层，是否断裂等情况进行评定。冷弯性能指标通过试件被弯曲的角度 α 及弯心直径 d 对试件厚度 a（或直径 d_0）的比值 d/a 来表示，如图 3-1-3 所示。弯曲角度越大，d 与 a 的比值越小，表示对冷弯性能的要求越高。钢材试件按规定的弯曲角和弯心直径进行试验，若试件弯曲处外面及侧面无裂纹，不起层，不断裂，即认为冷弯性能合格。

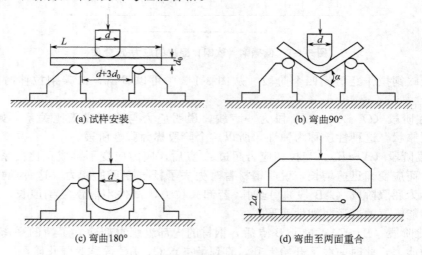

(a) 试样安装   (b) 弯曲90°

(c) 弯曲180°   (d) 弯曲至两面重合

图 3-1-3　钢筋冷弯

冷弯也是检验钢材塑性的一种方法，并与伸长率存在有机的联系。伸长率大的钢材，其冷弯性能必然好，但冷弯性试验对钢材塑性的评定比拉伸试验更严格、更敏感。冷弯有助于暴露钢材的某些缺陷，如气孔、杂质和裂纹等。冷弯试验也能对钢材的焊接质量进行严格的检验，能揭示焊件受弯表面是否存在未熔合、裂缝及杂物等。所以，冷弯性能是评定钢材塑性、加工性能和焊接质量的重要指标。对于重要结构和弯曲成型的钢材，冷弯试验必须合格。

3. 冲击韧性

冲击韧性是指钢材抵抗冲击荷载而不破坏的能力。通过对刻槽的标准试件的冲击试验来确定。如图 3-1-4 所示，在冲击试验摆锤的冲击下，试件断裂。以破坏后缺口处单位面积上所消耗的功作为钢材的冲击韧性指标，用 α_k 表示。α_k 值越大，钢材的冲击韧性越好。

钢材的冲击韧性与钢的化学成分、内在缺陷、加工工艺有关。一般来说，钢中的磷、硫含量较高，夹杂物以及焊接中形成的微裂缝等都会降低冲击韧性。

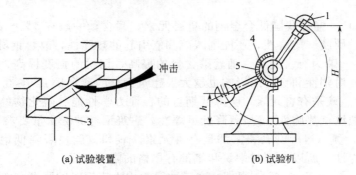

(a) 试验装置　　　　　　(b) 试验机

图 3-1-4　冲击韧性试验图

1—摆锤；2—试件；3—试验台；4—刻度盘；5—指针

试验表明，冲击韧性随温度的降低而下降。常温下，这种变化很小；当温度降到某一范围时，冲击韧性会突然下降很多致使钢材呈脆性断裂，这种脆性称为冷脆性。

4. 耐疲劳性

钢材承受交变荷载反复作用时，可能在远低于屈服强度时突然发生破坏，这中破坏称为疲劳破坏。钢材疲劳破坏的指标用疲劳强度来表示，它是指疲劳试验中试件在交变应力作用下，在规定的周期内不发生疲劳破坏所能承受的最大的应力值。

5. 硬度

钢材的硬度是指其表面抵抗其他较硬物体压入产生塑性变形的能力。测定硬度的方法有布氏法和洛氏法，较常用的方法是布氏法，如图 3-1-5 所示，其硬度指标为布氏硬度值（HB）。

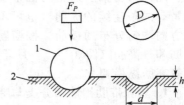

布氏法是利用直径为 D（mm）的淬火钢球，以一定的荷载 F_P（N）将其压入试件表面，得到直径为 d（mm）的压痕，以压痕面积 S 除荷载 F_P，所得的应力值即为试布氏硬度值（HB），以不带单位的数字表示。

布氏法比较准确，但压痕较大，不宜做成品试验。

图 3-1-5　布氏硬度试验原理

1—钢球；2—试件

洛氏法的测定原理与布氏法相同，但以压头压入试件的深度来表示洛氏硬度值。洛氏法压痕很小，常用于判定工件的热处理效果。

三、钢材的化学成分及其对性能的影响

1. 钢的化学成分

经过一定工艺冶炼后，钢的主要成分是铁和碳，还含有少量的磷、硫、氧、氮等难以除净的化学元素。另外，在生产合金钢的工艺中，为了改善钢的性能有意加入的合金元素，如锰、硅、钛、钒等元素。

2. 化学元素对钢材性能的影响

（1）碳（C）　碳是决定钢材性质的主要元素。钢材随含碳量的增加，强度和硬度相应提高，而塑性和韧性相应降低。当含量超过 1％时，钢材的抗拉强度开始下降。建筑工程用钢材的含碳量不大于 0.8%。此外，含碳量过高还会增加钢材的冷脆性，降低抗腐蚀性和可焊性。

（2）硅（Si）　硅是钢的主要合金元素，是为脱氧去硫而加入的。当 Si%＜1% 时，可提高钢材的强度，而对塑性和韧性影响不明显。但若含硅量超过 1%，会增加钢材的冷脆性，降低可焊性。

（3）锰（Mn）　锰是我国低合金钢的重要元素，锰含量一般在 1%～2% 范围内，锰可提高钢材的强度、硬度、耐磨性，还能削减硫和氧引起的热脆性，改善钢材的热加工性能。

（4）磷（P）　磷为有害元素。随着磷含量的提高，钢材的强度提高，塑性和韧性显著下降，温度越低，对塑性和韧性的影响也越大。建筑钢材的磷含量 P%≤0.045%。

（5）硫（S）　硫是有害元素，会降低钢材的各种力学性能。硫化物的低熔点使钢材在焊接时易产生热裂纹（热脆性）。显著降低可焊性。建筑钢材的硫含量要求 S%≤0.050%。

（6）氧（O）、氮（N）　氧和氮都是有害元素。氧和氮能显著降低钢的韧性，并能促进时效；降低可焊性。所以在钢材中氧和氮都有严格的限制。

（7）钒（V）、钛（Ti）、铝（Al）　这三种元素均为炼钢时的强脱氧剂，能提高钢的强度，改善钢材的韧性和可焊性，是常用的合金元素。

四、钢筋混凝土结构用钢——热轧带肋钢筋

钢筋混凝土结构用的钢筋和钢丝，主要由碳素结构钢和低合金结构钢轧制而成。主要品种有热轧钢筋、冷加工钢筋、热处理钢筋、预应力混凝土用钢丝和钢绞线。按直条或盘条（也称盘圆）供货。

热轧钢筋是用加热钢坯轧成的条形成品钢筋，按其外形分为热轧光圆钢筋和热轧带肋钢筋。热轧钢筋是建筑工程中用量最大的钢材品种之一，主要用于钢筋混凝土和预应力混凝土结构的配筋。

热轧带肋钢筋通常为圆形横截面，且通常表面带有两条连续的纵肋（也可不带纵肋）和沿长度方向均匀分布的横肋。按横肋的形状又分为月牙肋和等高肋（图 3-1-6）。月牙肋的纵横不相交，而等高肋纵横相交。

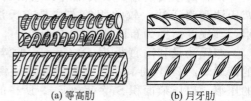

(a) 等高肋　　　　(b) 月牙肋

图 3-1-6　带肋钢筋外形

1. 热轧带肋钢筋的分类与牌号

热轧带肋钢筋按屈服强度分为 335、400、500 级。钢筋牌号的构成与含义见表 3-1-1。

表 3-1-1　热轧带肋钢筋的牌号构成与含义（GB 1499.2—2007）

类别	牌号	牌号构成	英文字母含义
普通热 轧钢筋	HRB335	由 HRB＋屈服强度 特征值构成	HRB—热轧带肋钢筋的英文（Hot Rolled Ribbed Bars）缩写
	HRB400		
	HRB500		
细晶粒热 轧钢筋	HRBF335	由 HRBF＋屈服强度 特征值构成	HRBF—在热轧带肋钢筋的英文缩写后加"细"的英文（Fine）首位字母
	HRBF400		
	HRBF500		

2. 热轧带肋钢筋的性能要求

热轧带肋钢筋的主要性能应不低于表 3-1-2 中列出的规定值。按规定的弯心直径弯曲 180°后，钢筋受弯曲部位表面不得产生裂纹。

表 3-1-2　热轧带肋钢筋的性能（GB 1499.2—2007）

牌号	公称直径/mm	屈服强度/MPa	抗拉强度/MPa	伸长率 δ/%	冷弯试验	
					角度	弯心直径
HRB335 HRBF335	6~25	335	455	17	180°	$3d$
	28~40					$4d$
	>40~50					$5d$
HRB400 HRBF400	6~25	400	540	16	180°	$4d$
	28~40					$5d$
	>40~50					$6d$
HRB500 HRBF500	6~25	500	630	15	180°	$6d$
	28~40					$7d$
	>40~50					$8d$

3. 表面质量

① 钢筋应无有害的表面缺陷。

② 只要经钢丝刷刷过的试样的重量、尺寸横截面积和拉伸性能不低于 GB 1499.2—2007 的要求，锈皮、表面不平整或氧化铁皮不作为拒收的理由。

③ 当带有上条规定以外的表面缺陷的试样不符合拉伸性能或弯曲性能要求时，则认为这些缺陷是有害的。

五、阅读与了解

建筑材料的主要力学性质

一、强度

材料在外力（荷载）作用下，抵抗破坏的能力称为强度。外力（荷载）作用的主要形式有压、拉、弯曲和剪切等，因而所对应的强度有抗压强度、抗拉强度、抗弯（折）强度和抗剪强度。如图 3-1-7 所示。

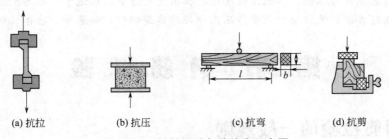

(a) 抗拉　　(b) 抗压　　(c) 抗弯　　(d) 抗剪

图 3-1-7　材料承受各种外力示意图

材料的抗压、抗拉、抗剪强度按下式计算：

$$f = \frac{P}{A}$$

式中　f——材料的抗压、抗拉、抗剪强度，MPa；

　　　P——材料受压、拉、剪破坏时的荷载，N；

　　　A——材料的受力面积，mm^2。

材料的抗弯强度（亦称抗折强度）与材料的受力状态有关。试验时将试件放在两支点上，中间施加集中荷载，对矩形截面试件，抗弯强度按下式计算：

$$f_m = \frac{3PL}{2bh}$$

式中　f_m——抗弯强度，MPa；

　　　P——受弯时破坏荷载，N；

　　　L——两支点间的距离，mm；

　　b，h——材料的截面宽和高度，mm。

材料的强度和它的成分、构造有关。不同种类的材料，具有不同的抵抗外力的能力，即便是同一种材料，也由于其孔隙率和构造特征不同，强度也会有差异。

二、弹性与塑性

材料在外力作用下产生变形，当取消外力后，能够完全恢复原来形状的性质称为弹性。这种能够恢复的变形，称为弹性变形（又称瞬时变形）。

材料在外力作用下产生变形，当取消外力后，仍保持变形后的形状和尺寸，并且不产生裂缝的性质称为塑性。这种不能恢复的变形，称为塑性变形（永久变形）。

材料的弹性与塑性除与材料本身的成分有关外，还与外界的条件有关。例如某些材料在一定温度和一定外力条件下，属于弹性，当改变其条件时，亦可以变为塑性性质。

实际上，只有单纯的弹性或塑性的材料都是不存在的。各种材料在不同的外力下，表现出不同的变形性质。

三、韧性与脆性

1. 韧性

材料在冲击、振动荷载作用下，能承受很大的变形而不致破坏的性质称为韧性（或冲击韧性）。建筑钢材、木材、沥青混凝土都属于韧性材料。用作路面、桥梁、吊车梁以及有抗震要求的结构都要考虑材料的韧性。材料的韧性用冲击试验来检验。

2. 脆性

材料在外力作用下，直到断裂前只发生弹性变形，不出现明显的塑性变形而突然破坏的性质称为脆性。具有这种性质的材料称为脆性材料，如石材、普通砖、混凝土、铸铁、玻璃及陶瓷等。脆性材料的抗压能力很强，其抗压强度比抗拉强度大得多，可达十几倍甚至更高。脆性材料抗冲击及动荷载能力差，故常用于承受静压力作用的建筑部位，如基础、墙体、柱子、墩座等。

第二节　钢　筋　试　验

一、钢筋检验的一般规则

1. 组批规则

钢筋应按批进行检查和验收，每批由同一牌号、同一炉罐号、同一规格的钢筋组成。每批质量通常不大于 60t。超过 60t 的部分增加一个拉伸试验和一个冷弯试验试样。

2. 验收内容

钢筋应有出厂合格证或试验报告单。验收时应查对标牌，外观检查，并按有关规定抽取试样进行力学性能试验，包括拉伸试验和冷弯试验，如两个试验项目中有一个不合格，该批钢筋即为不合格。

3. 钢筋在使用中如有脆断、焊接性能不良或力学性能显著不正常时，还应进行化学成分分析。

4. 取样方法和结果评定

每批中任取两根，于每根距端部 500mm 处各取一套试样（两根试件），每套试样中取一根做拉伸试验，另一根做冷弯试验。两个项目中，如有一项不合格，该批钢筋即为不合格品。

在每种试验中，如有一根达不到标准要求，则抽取双倍（4 根）钢筋重新试验，如仍有指标达不到要求，则判该项试验不合格。

5. 试验温度要求

试验一般在室温 10～35℃ 范围内进行。对温度要求严格的试验，试验温度应为（23±5）℃。

二、钢筋的拉伸试验方法（GB/T 228.1—2010）

1. 试验目的

测定低碳钢的屈服强度，抗拉强度与伸长率。检验钢材的抗拉性能，为确定钢筋的牌号提供依据。了解拉力与变形之间的关系。

2. 主要仪器设备

万能液压试验机、游标卡尺。

3. 试样的制作和准备

抗拉试验用钢筋试样不得进行车削加工，应用小标记、细划线或细墨线标记原始标距，但不得用引起过早断裂的缺口作标记。用游标卡尺测量原始标距长度 L_0，精确至 0.1mm。如图 3-2-1 所示，图中 L_0 称为试样的原始标距。原始标距与横截面积有 $L_0 = k\sqrt{S_0}$ 关系的试样称为比例试样。国际上使用的比例系数 k 的值为
5.65。原始标距应不小于 15mm。当试样横截面积太小，以至于采用 $k = 5.65$ 的值不能符合这一最小标距要求时，可以采用较高的值（优先采用 11.3 的值）或采用非比例试样。

非比例试样其原始标距 L_0 与原始横截面积 S_0 无关。

4. 屈服强度和抗压强度的测定

① 调整试验机测力度盘的指针，使之对准零点，并拨动副指针使之与主指针重合。

图 3-2-1　钢筋拉伸试件

a—试样原始直径；L_0—原始标距长度；

h—夹头长度；L_c—试样平行长度

（不小于 $L_0 + 2\sqrt{S_0}$）

② 将试样固定在试验机夹头内。夹持方法应使用例如楔形夹头、螺纹夹头、套环夹头等合适的夹具夹持试样，应尽最大努力确保夹持的试样受轴向拉力的作用。

在试验加载链装配完成后，试样两端被夹持之前，应设定力测量系统的零点。一旦设定了力值零点，在试验期间力测量系统不能再发生变化。

开动试验机进行拉伸，拉伸时的控制试验速率的方法有两种：方法 A，应变速率控制（略）；方法 B，应力速率控制。

应力速率控制按如下规定：如果没有其他规定，在应力达到规定屈服强度的一半之前，可以采用任意的试验速率，超过这点以后的试验速率应满足以下规定。

a. 在弹性范围和直至上屈服强度，试验机夹头的分离速率应尽可能保持恒定并在

表 3-2-1规定的应力速率的范围内。

表 3-2-1 屈服前的应力速率

金属材料的弹性模量/MPa	应力速率/ [N/ (mm² · s)]	
	最小	最大
<150000	2	20
≥150000	6	60

注：弹性模量小于 150000MPa 的典型材料包括锰、铝合金、铜和钛；弹性模量大于 150000MPa 的典型材料包括铁、钢、钨和镍基合金。

b. 测定下屈服强度，在试样平行长度的屈服期间应变速率应在 0.00025～0.0025/s 之间。平行长度内的应变速率应尽可能保持恒定。如不能直接调节这一应变速率，应通过调节屈服即将开始前的应力速率来调整，在屈服完成之前不再调节试验机的控制。

c. 测定抗拉强度的试验速率。塑性范围时，平行长度的应变速率不应超过 0.008/s（或等效的横梁分离速率）；在弹性范围内，如试验不包括屈服强度或规定强度的测定，试验机的速率可以达到塑性范围内允许的最大速率。

③ 屈服强度。在拉伸过程中，测力度盘的指针停止转动，或第一次回转时的最小荷载，即为所求的屈服点荷载 F_s（N）。按下式计算屈服强度：

$$f_Y = \frac{F_s}{A}$$

式中　f_Y——屈服强度，MPa，计算至 1MPa；

　　　F_s——屈服点荷载，N；

　　　A——试样的公称横截面积，mm²。采用表 3-2-2 所列的公称横截面积。

上、下屈服强度位置判定的基本原则如下。

a. 屈服前的第 1 个峰值应力判为上屈服强度，不管其后的峰值比它大或比它小。

b. 屈服阶段中如呈现两个或以上的谷值应力，舍去第 1 个谷值应力不计，取其余谷值应力中最小者判为下屈服强度。如呈现 1 个下降谷，此谷值应力判为下屈服强度。

c. 屈服阶段呈现屈服平台，平台应力判为下屈服强度；如呈现多个而且后者高于前者的屈服平台，判第 1 个平台应力为下屈服强度。

d. 正确的判定结果应是下屈服强度一定低于上屈服强度。

④ 抗拉强度。继续拉伸，直至将试样拉断。由测力度盘读出最大荷载 F_b。按下式计算试样的抗拉强度：

$$f_U = \frac{F_b}{A}$$

式中　f_U——抗拉强度，MPa；

　　　F_b——最大荷载，N；

　　　A——试样的公称横截面积，mm²。

抗拉强度的计算精度同屈服强度。

表 3-2-2 钢筋的公称直径、公称横截面面积与理论质量 （GB 1499.2—2007）

公称直径/mm	公称横截面面积/mm²	理论质量/(kg/m)
6	28.27	0.222
8	50.27	0.395

续表

公称直径/mm	公称横截面面积/mm²	理论质量/(kg/m)
10	78.54	0.617
12	113.1	0.888
14	153.9	1.21
16	201.1	1.58
18	254.5	2.00
20	314.2	2.47
22	380.1	2.98
25	490.9	3.85
28	615.8	4.83
32	804.2	6.31
36	1018	7.99
40	1257	9.87
50	1964	15.42

注：表中理论质量按密度为 7.85g/cm³ 计算。

5. 断后伸长率 δ 的测定

试样断裂后，将送油阀关闭，然后慢慢打开回油阀卸除荷载，并使试验机夹头回到原来位置。松开夹头取下试样将已拉断的两段在断裂处对齐，仔细地配接在一起使其轴线处于同一直线上，用卡尺直接测量试样断后标距 (L_1)。

应使用分辨力不低于 0.1mm 的量具或测量装置测定断后标距，准确到 ±0.25mm。如规定的最小断后伸长率小于 5%，应采用特殊方法进行测定。

断后伸长率按下式计算，精确至 0.5%：

$$\delta = \frac{L_1 - L_0}{L_0} \times 100\%$$

式中　δ——断后伸长率，%；

$\quad\quad L_0$——原始标距长度，mm；

$\quad\quad L_1$——断后标距长度，mm。

原则上只有断裂处与最接近的标距标记的距离不小于原始标距 (L_0) 的三分之一情况方为有效。但断后伸长率大于或等于规定值，不管断裂位置处于何处测量均为有效。

为了避免因发生在上述规定的范围以外的断裂而造成试样报废，可以采用下述位移方法测定断后伸长率（图 3-2-2）。

试验前将原始标距 (L_0) 细分为 N 等分。试验后，以符号 A 表示断裂后试样短段的标距标记，以符号 B 表示断裂试样长段的等分标记，此标记与断裂处的距离最接近于断裂处至标距标记 A 的距离。以 D 表示断裂后试样长段的标距标记。若 A 与 B 之间的分格数为 n，按如下测定断后标距 (L_1)。

①如 $N-n$ 为偶数［图 3-2-2（a）］，测量 A 与 B 之间的距离 AB，测量从 B 到 D 的 $(N-n)/2$ 个分格 C 标记之间的距离 BC，则 $L_1 = AB + 2BC$。

②如 $N-n$ 为奇数［图 3-2-2（b）］，测量 A 与 B 之间的距离 AB，测量从 B 至 D 的 $(N-n-1)/2$ 个分格 C 标记之间的距离 BC，测量从 B 至 D 的 $(N-n+1)/2$ 个分格 C_1 标

记之间的距离 BC_1，则 $L_1 = AB + BC + BC_1$。

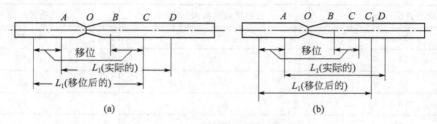

图 3-2-2　用位移法计算断后标距

6. 试验结果处理

① 试验出现下列情况之一其试验结果无效，应重做同样数量试样的试验。

a. 试样断在标距外或断在机械刻画的标距标记上，而且断后伸长率小于规定的最小值。

b. 试验期间设备发生故障，影响了试验结果。

② 试验后试样出现两个或两个以上的缩颈以及显示出肉眼可见的冶金缺陷（例如分层、气泡、夹渣、缩孔等），应在试验记录和报告中注明。

③ 对于比例试样，若原始标距不为 $5.65\sqrt{S_0}$（S_0 为平行长度的原始横截面积），符号 δ 应附以下脚注说明所使用的比例系数。例如，$\delta_{11.3}$ 表示原始标距（L_0）为 $11.3\sqrt{S_0}$ 的断后伸长率。对于非比例试样，符号 δ 应附以下脚注说明所使用的原始标距，以毫米（mm）表示。例如，δ_{80mm} 表示原始标距（L_0）为 80mm 的断后伸长率。

三、钢筋的冷弯试验方法（GB/T 232—2010）

1. 试验目的

检验钢筋承受规定弯曲程度的变形性能，从而确定其可加工性能，并显示其缺陷。

2. 主要仪器设备

万能试验机、不同直径的弯曲压头（弯心）。

3. 试样的制作和准备

冷弯钢筋试样不得进行车削加工，试样长度应根据试样直径和所使用的设备确定。通常按下式确定：

$$L = 0.5\pi(d + a) + 140$$

式中　d——弯心直径，mm；

　　　a——试样直径，mm；

　　　π——圆周率，其值取 3.1。

4. 试验步骤（图 3-2-3）

（1）虎钳式弯曲　试样一端固定，绕规定的弯曲压头进行弯曲，如图 3-2-3（a）所示。试样弯曲到规定的角度。

（2）支辊式弯曲

① 调整好支辊之间的距离为 $(d + 3a) \pm 0.5a$，此距离在试验期间应保持不变。把试样放置在两支辊上，试样轴线应与弯曲压头轴线垂直，用规定弯心直径的压头，在两支座之间的中点处对试样连续施加压力使其弯曲，直至达到规定的弯曲角度，如图 3-2-3（b）所示。

② 如不能达到规定的弯曲角度，应将试样置于两平行压板之间，见图 3-2-3（e）。连续施加压力使其两端进一步弯曲，直至达到规定的弯曲角度。

（3）试样弯曲至 180°或两臂接触

① 试样弯曲至 180°。首先对试样进行初步弯曲（弯曲角度尽可能大），然后将试样置于两平行压板之间，见图 3-2-3（e）。连续施加压力使其两端进一步弯曲，直至两臂平行。试验时可以加或不加厚度与弯心直径相同的垫块［图 3-2-3（c）］。

② 试样弯曲两臂接触。首先对试样进行初步弯曲（弯曲角度尽可能大），然后将试样置于两平行压板之间［图 3-2-3（e）］，连续施加压力使其两端进一步弯曲，直至两臂接触［图 3-2-3（d）］。

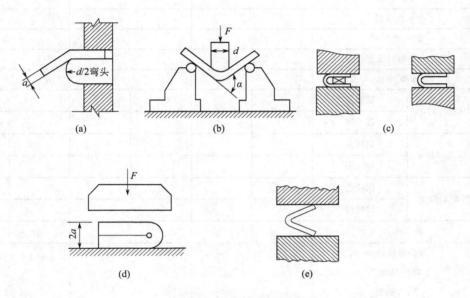

图 3-2-3 弯曲试验示意图

5. 试验结果评定

应按照有关产品标准的要求评定冷弯试验的结果。如未规定具体要求，冷弯试验后试样弯曲外表面无肉眼可见的裂纹应评定为合格。

四、钢筋试验的训练与考核

（一）训练的基本要求

1. 检查内容

检查钢筋试样、压力试验机、游标卡尺、弯曲压头等是否符合使用状况，记录试验室的温度和湿度。

2. 填写试验表格

试验时应严格遵守标准规定的测定步骤，按下列形式如实填写试验原始记录表。

表格编号：_____

检测项目名称：_____ 　　共 页 第 页

委托编号：_____ 样品来源：_____ 样品编号：_____

送检日期：____年____月____日 检验日期：____年____月____日

仪器编号：_____ 仪器名称：_____ 检验依据：_____

检测地点：_____ 温度：_____ 湿度：_____
检测前仪器状况：_____ 检测后仪器状况：_____

试样	编号				
	表面形状				
	钢筋级别				
	强度等级代号				
	牌号				
	生产厂名				
	本批数量				
	炉（批）号				
	公称（规格）直径/mm				
	面积/mm²				
拉伸试验	荷重/kN	屈服点			
		极限			
	强度/MPa	屈服点			
		极限			
	标距长/mm	试验前			
		试验后			
	伸长率 δ/%				
弯曲试验	弯心直径/mm				
	弯曲角度/°				
	结果鉴定				
结论					
备注					

操作员　　　　　　　　校核教师　　　　　　　　　　年　月　日

3. 试验报告

试验报告应包括如下内容：

①试验目的；②试验方法依据的标准；③仪器设备；④试验步骤；⑤试件组数；⑥试验原始记录表；⑦问答。

（1）钢筋试验的技术要求

① 在弹性范围和直至屈服开始，试验机夹头的分离速率的规定是_____；在试样平行长度的屈服期间应变速率应在_____之间。平行长度内的应变速率应尽可能_____。测定抗拉强度的试验速率_____。在拉伸过程中，测力度盘的指针_____，或第一次回转时的_____，即为所求的屈服点荷载 F_s（N）。

② 拉伸试验原则上只有断裂处与最接近的标距标记的距离不小于原始标距的_____情况方为有效。但断后伸长率_____，不管断裂位置处于何处测量均为有效。

③ 表示抗拉性能的三项指标是_____。

④ 确定冷弯钢筋试样长度的方法是_____；用支辊式弯曲方法，确定支辊之间的距离公式为_____。

⑤ 拉伸试验的试样断在标距外或断在机械刻画的标距标记上，而且断后伸长率小于规定的最小值则_____。

（2）钢筋试验设备的身份参数

① 万能液压式试验机：生产厂家＿＿＿＿＿＿＿＿＿；仪器型号＿＿＿＿＿＿＿＿＿；出厂编号与日期＿＿＿＿＿；计量最小刻度＿＿＿＿；最大量程范围＿＿＿＿。

② 游标卡尺：生产厂家＿＿＿＿＿＿＿＿＿；仪器型号＿＿＿＿＿＿＿＿＿；出厂编号＿＿＿＿；分度值＿＿＿＿＿；量程＿＿＿＿＿。

（二）操作时应注意的事项

① 为了保证人身设备安全和试验正确，试验过程中应采取足够的安全措施和防护装置。万能液压式试验机的吨位选择最好是使试样破坏时的荷载，大于压力机全量程的 20% 且小于压力机全量程的 80%。

② 测量试样断后标距（L_1）时，游标卡尺的分辨力应不低于 0.1mm，准确到 ±0.25mm。如规定的最小断后伸长率小于 5%，应采用特殊方法进行测定。

③ 冷弯试验时，应在平稳的压力作用下，缓慢施加试验压力，以使材料能够自由地进行塑性变形。当出现争议时，试验速率应为（1±0.2）mm/s。

④ 试样的装夹。作拉伸试验时，先开动油泵，再拧开送油阀，使工作活塞升起一小段距离，然后关闭送油阀，对准指针零点。将试样一端夹于上钳口，再调整下钳口，夹住试样下端，开始试验。进行弯曲试验时，将试样放在试台弯曲支撑辊上，即可进行试验。

⑤ 拉伸试验的原始标距应不小于 15mm；原始标距的标记应准确到 ±1%。

（三）钢筋试验训练与考核的技术要求和评分标准

操作训练与考核项目：钢筋的拉伸和冷弯

学生姓名＿＿＿＿＿，班级＿＿＿＿＿，学号＿＿＿＿＿

技术要求	配分	评分细则 括弧内的数字为该项分值，否则取平均分	得分
仪器设备检查	9（分）	①压力机量程范围检查（3） ②压机机指针调零（3） ③弯曲压头检查（3）	
准备工作	12（分）	①确定试样平行长度（3） ②标记原始标距（3） ③确定支辊之间的距离（3） ④确定弯曲试样长度（3）	
操作步骤	39（分）	①清扫夹头（3） ②夹持方法正确（3） ③开机顺序正确（3） ④加荷速度符合国标要求（3） ⑤屈服点荷载判断准确（3） ⑥回油速度适当（3） ⑦关机顺序正确（3） ⑧抗压试验机指针复位（3） ⑨断后标距测量方法正确（3） ⑩弯心直径选择正确（3） ⑪弯曲到规定的角度（3） ⑫冷弯试验加压平稳合适（3） ⑬试验结果评定（3）	

续表

技术要求	配分	评分细则 括弧内的数字为该项分值，否则取平均分	得分
结果确定	30（分）	①数据记录符合要求（3） ②计算结果正确（24） ③数据处理得当（3）	
安全文明操作	10（分）	①操作台面整洁（4） ②无安全事故（6）	

评分：　　　　　　　　　　　　　教师（签名）：

（四）讨论与总结

1．讨论及总结内容

简述钢筋试验的试验目的、仪器设备、操作步骤及其相应的技术要求。

2．操作应注意的事项

结合操作时应注意的事项，讨论影响钢筋试验的主要因素及其控制方法。

（1）操作的影响

① 强度测定值波动较大：加荷速度控制不当。加荷速度对试验结果影响很大，应按标准严格控制加荷速度。

② 试验时送油时间过长：回油过多，调整好回油位置。

③ 原始标距、等分标记、试样断后标距尺寸误差较大：仔细测量。拉断的两段试样在断裂处对齐，仔细地配接在一起使其轴线应处于同一直线上。

④ 冷弯试验时，压力过大、过快：平稳、缓慢施加试验压力。

（2）仪器设备的影响　国家标准对钢筋试验所用设备的技术要求有明确的规定。

① 压力试验机。压力试验机除应符合《液压式压力试验机》（GB/T 3722）及《试验机通用技术要求》（GB/T 2611—2007）中技术要求外，其测量精度为±1%，试件破坏荷载应大于压力机全量程的 20%且小于压力机全量程的 80%。

应具有加荷速度指示装置或加荷速度控制装置，并应能均匀、连续地加荷。

应具有有效期内的计量检定证书。

② 游标卡尺：分度值不低于 0.1mm。

五、阅读与了解

统计学基本知识*

一、总体和样本

（一）总体

研究或统计分析的对象的全体元素组成的集合称为总体或母体。总体具有完整性的内涵，是由某一相同性质的许多个别单位（元素或个体）组成的集合体。当总体内所含个体个数有限时，称为有限总体；当总体内所含个体个数无限时，称为无限总体。在统计工作中，可以根据产品的质量管理规程或实际工作需要，选定总体的范围，如每个月的出厂水泥，某一批进厂煤或原材料，都可视为一个总体。

总体的性质取决于其中各个个体的性质，要了解总体的性质，理论上必须对全部个体性质进行测定，但在实际中往往是不可能的。一是在多数情况下总体中的个体数目特别多，可以说接近于无穷多，例如出厂水泥，即使按袋计数，也不可能对所有的袋进行测定；二是由无限个体组成的总体，例如对一种新分析方法的评价分析，每次测定结果即为一个个体，可以一直测定下去永无终止；三是有些产品质量的检测是破坏性的，不允许对其全部总体都进行检测。基于总体的这种情况，在实际工作中只能从总体中抽取一定数量的、有代表性的个体组成样本，通过对样本的测量求出其分布中心和标准偏差，借助于数理统计手段，对总体的分布中心 μ 和标准偏差 σ 进行推断，从而掌握总体的性质。

（二）样本

来自总体的部分个体的集合，称为样本或子样。从总体获得样本的过程称为抽样。样本中的每个个体称为样品。样本中所含样品的个数称为样本容量或样本大小。若样本容量适当大，并且抽样的代表性强，则通过样本检测得到的分布特征值，就能很好地代表总体的分布特征值。

例如在水泥生料配制过程中，为控制生料的质量，每小时从生料生产线上采取一个样品，进行硅、铁、铝、钙的测定。每天共采取 24 个样品，构成了该日配制的生料总体的一个样本，对该样本中的 24 个样品的化学成分进行测定，可计算出该日配制的生料三率值的平均值。还可推广到整个生料库，将该生料库容纳的全部生料作为一个总体，其中每小时采取的样品之和作为样本，根据样本中所有样品的分析结果，计算该生料库中全部生料的三率值。又如：欲求上月出产水泥 28d 抗压强度的标准偏差，须以上月生产的全部水泥为一个总体，上月生产 20000t 的水泥，按照《水泥企业质量管理规程》规定，将每 400t 作为一个编号，共分为 50 个编号，从每个编号的水泥中取得一个质量约为 6kg 的样品（这 6kg 样品应从 20 个不同部位中均匀抽取，混合均匀后作为一个样品），共取得 50 个样品，构成上月生产的出厂水泥总体的样本，样本容量为50。对每个样品进行 28d 抗压强度的测定，按照公式计算得出上月出厂水泥 28d 抗压强度的标准偏差，作为确定当月出厂水泥 28d 抗压强度控制值下限的依据。

二、样本分布的特征值

总体的分布特征值一般是很难得到的，数理统计中往往通过样本的分布特征值来进行推断。因此，在实际应用中，为了对总体情况有一个概括的全面了解，需要用几个数字表达出总体的情况。这少数几个数字在数理统计中称为特征值。因此，在进行统计推断前确定样本分布的特征值，具有重要的实用价值。

常用的样本分布特征值分为两类：一是位置特征值；二是离散特征值。

位置特征值一般是指平均值，它是分析计量数据的基本指标。在测量中所获得的检测数据都是分散的，必须通过平均值将它们集中起来，反映其共同趋向的平均水平，也就是说平均值表达了数据的集中位置，所以，对一组测定值而言，平均值具有代表性和典型性。位置特征值一般包括算术平均值、几何平均值、加权平均值、中位数、众数等。

离散特征值用以表示一组测定数据波动程度或离散性质，是表示一组测定值中各测定值相对于某一确定的数而言的偏差程度。一般是把各测定值相对于平均值的差异作为出发点进行分析。常用的离散特征值有平均差、极差、方差、标准偏差、变异系数等。

（一）表示样本分布位置的特征值（样本分布中心）

1. 算术平均值 $\overline{x}$

算术平均值的计算十分简单，应用也十分广泛。

将一组测定值相加和，除以该组样本的容量（测定所得到的测定数据的个数），所得的商即为算术平均值。设有一组测定数据，以 x_1，x_2，$\cdots$，x_n 表示。这组数据共由 n 个数据组成。其算术平均值见下式：

$$\overline{x} = \frac{x_1 + x_2 + \cdots + x_n}{n}$$

$$或\ \overline{x} = \frac{\sum_{i=1}^{n} x_i}{n}$$

式中 n——样本的容量;

$\sum\limits_{i=1}^{n}$ ——在数理统计中,常用大写希腊字母 $\sum$ 表示加和。下方的 $i=1$,表示从第一个数据

开始加和,一直加到 $\sum$ 上方所表示的第 n 个数据。

[例 3-2-1] 对水泥中三氧化硫含量(%)的测定,得到 10 个数据:2.8,2.9,2.6,2.7,2.8,2.8,2.9,2.8,2.8,2.6。求其算术平均值 $\overline{x}$。

[解] $\overline{x}=\dfrac{2.8+2.9+2.6+2.7+2.8+2.8+2.9+2.8+2.8+2.6}{10}=2.77$

或记作:

$$\overline{x}=\frac{\sum\limits_{i=1}^{n}x_i}{n}=\frac{2.8+\cdots+2.6}{10}=2.77$$

2. 加权平均值

加权平均值时考虑每个测量值的相应权的算术平均值。将各测量值乘以与其相应的权,将各乘积相加后,除以权数之和,即为加权平均值。其计算公式见下式:

$$\overline{x_w}=\frac{W_1x_1+W_2x_2+\cdots+W_nx_n}{W_1+W_2+\cdots+W_n}=\frac{\sum W_ix_i}{\sum W_i}$$

式中 x_1,x_2,$\cdots$,x_n——各测量值;

$\overline{x_w}$——加权平均值;

W_1,W_2,$\cdots$,W_n——各测量值相应的权;

$\sum W_i$——各相应权的总和;

$\sum W_ix_i$——各测量值与相应权乘积之和。

水泥企业计算某一时期内熟料的综合抗压强度时,应采用加权平均值。

[例 3-2-2] 某水泥企业有三台回转窑。1号窑年产 20 万吨熟料,平均抗压强度 58.5MPa;2号窑年产 15 万吨熟料,平均抗压强度为 57.8MPa;3号窑年产 12 万吨熟料,平均抗压强度为 59.2MPa。求全厂全年生产的熟料的综合抗压强度。

[解] 全厂全年生产熟料的综合抗压强度为:

$$\overline{x_w}=\frac{20\times58.5+15\times57.8+12\times59.2}{20+15+12}=\frac{2747.4}{47}=58.46(\text{MPa})$$

3. 中位数

中位数也是表示频率分布集中位置的一种特征。其意义是将一批测量数据按大小顺序排列,居于中间位置的测量值,称为这批测量值的中位数。当测量值的个数 n 为奇数时,第 $\dfrac{1}{2}(n+1)$ 项为中位数;当测量值的个数 n 为偶数时,位居中央的两项之平均数即为中位数。

[例 3-2-3] 对出磨水泥每 2 小时测定一次三氧化硫含量,某日共得 12 各测量值 2.86,2.91,2.65,2.70,2.82,2.73,2.88,2.92,2.75,2.84,2.77,2.85。求这组测量值的中位数。

[解] 将 12 各测量值从小到大(或从大到小)依次排列为:

2.65,2.70,2.73,2.75,2.77,2.82,2.84,2.85,2.86,2.88,2.91,2.92。

测量值个数 12 为偶数,中位数是居于中间位置两个测量值的算术平均值,故中位数为:

$$\overline{x}=\frac{2.82+2.84}{2}=2.83$$

中位数不受极端测量值的影响,计算方法比较简便,但准确度不高,多在数理统计和生产过

程控制图中使用。

4. 众数

众数是指在一组测量数据中出现次数最多的测量值。

[例 3-2-4]　某水泥企业控制出磨水泥的细度（筛余）范围为 $7.0\%\pm1.0\%$，每小时测定一次。某日早班的测量数据如下（%）：7.4，7.1，7.6，7.4，7.5，7.4，7.6，7.5。

在这组数据中 7.4 共出现三次，多于其他任何数，故 7.4 即为这组测量数据的众数。

众数不受检测数据中出现的极大值或极小值的影响，因此在检测值数列两端的数值不太明确时，宜于用众数表示检测结果的位置特征。但是缺点是当检测值未呈现明显的集中趋势时，其数列不一定存在众数；众数没有明显的数学特征，一般不能用数学方法进行处理。

5. 均方根平均值

均方根平均值是各测量值平方之和除以测量值个数所得商值的平方根。计算如下：

$$u=\sqrt{\frac{x_1^2+x_2^2+\cdots+x_n^2}{n}}=\sqrt{\frac{\sum x_i^2}{n}}$$

式中　x_1，x_2，$\cdots$，x_n——各测量值；

　　　　n——测量值的个数；

　　　　$\sum x_i^2$——各测量值平方之和。

均方根平均值能较为灵敏反映测量值的波动。

[例 3-2-5]　某班对除磨水泥细度筛余的测量值（%）为：7.2，7.3，7.4，8.8，7.9，7.6，7.4，7.5。求该班除磨水泥的平均细度。

[解]　用均方根平均值计算平均细度为：

$$u=\sqrt{\frac{7.2^2+7.3^2+7.4^2+8.8^2+7.9^2+7.6^2+7.4^2+7.5^2}{8}}=\sqrt{\frac{468.5}{8}}=7.7(\%)$$

如用算术平均值计算平均细度为 7.6%，均方根平均值大于算术平均值，因该班测量值中出现了一个波动较大的值，即 8.8（%）。

（二）表示测量值离散性质的特征值

1. 极差 R

极差是最简单、最易了解的表示测量值离散性质的一个特征值。极差又称全距，或范围误差，即在一组测量数据中最大值与最小值之差，见下式：

$$R=x_{max}-x_{min}$$

[例 3-2-6]　测得三块试件的抗压强度为 58.7，57.8，59.2，59.8，58.4，58.8（MPa），求此组试件抗压的极差。

[解]　极差为：

$$R=x_{max}-x_{min}=59.8-57.8=2.0（MPa）$$

极差是位置测量值，极易受到数列两端异常值的影响。测量次数 n 越大，其中出现异常值的可能性越大，极差就可能越大，因此极差对样本容量的大小具有敏感性。另外，极差只能表示数列两端的差异，不能反映数列内部频数的分布状况，不能充分利用数列内的所有数据。

尽管如此，极差在不少场合还是用来表示数列的离散程度。在正常情况下，只希望得知产品品质的波动情况，经常使用极差，在对称型分布中，使用极差表示数列的离散程度更为便捷，这时两端的平均值非常接近于数列的平均值。

2. 平均绝对偏差 $\overline{d}$

一组测量数据中各测量值与该组数据平均值之偏差的绝对值的平均数，称为平均绝对偏差。其计算式如下：

$$\overline{d}=\frac{\sum|x_i-\overline{x}|}{n}=\frac{\sum|d_i|}{n}$$

式中　$\overline{d}$——平均绝对偏差；

　　d_i——某一测量值 x_i 与平均值 $\overline{x}$ 之差，$d_i = x_i - \overline{x}$。

[例 3-2-7]　以氟硅酸钾容量法测定某水泥熟料样品中二氧化硅的含量（％），所得结果为：21.50，21.53，21.48，21.57，21.52。计算该组测量结果的平均绝对偏差。

[解]　该组测量值的平均值为：

$$\overline{x} = \frac{1}{5} \times (21.50 + 21.53 + 21.48 + 21.57 + 21.52) = 21.52$$

平均绝对偏差为：

$$\overline{x} = \frac{1}{5} \times (0.02 + 0.01 + 0.04 + 0.05 + 0) = 0.024$$

平均绝对偏差是衡量数列离散程度大小的方法之一，比较适合于处理小样本，且不需精密分析的情况。与极差相比，平均绝对偏差比较充分地利用了数列提供的信息。但因为其计算比较繁琐，在大样本中很少应用。与标准偏差相比，平均绝对偏差反映测量数据离散性的灵敏度不如标准偏差高。

3. 方差

方差是指各测量值与平均值的偏差平方和除以测量值个数而得的结果。采用平方可以消除正负号对差值的影响。

如以 σ^2 代表总体方差，其计算式如下：

$$\sigma^2 = \frac{\sum (x_i - \mu)^2}{N}$$

式中　x_i——每个测量值（变量）；

　　μ——总体平均值；

　　N——总体所有变量的个数。

在实际工作中，往往用样本的方差 S^2 来估计总体的方差。S^2 的计算式如下：

$$S^2 = \frac{\sum (x_i - \overline{x})}{n-1}$$

式中　x_i——样本中每个测量值（变量）；

　　$\overline{x}$——样本平均值；

　　n——样本容量。

上式中的 $n-1$ 称为自由度 f（有时也用 v 表示），$f = n-1$。所谓自由度，从物理意义出发可以理解为进行独立测量的次数减去处理这些测量值时所外加限制条件的数目。此处独立测量的次数为 n，外加的限制条件是算术平均值 $\overline{x}$。如果已知 $n-1$ 个离差，则第 n 个离差也就可以确定下来，因此，在 n 个离差中相互独立的有 $n-1$ 个，这就是自由度 $f = n-1$。

利用方差这一特征值可以比较平均值大致相同而离散度不同的几组测量值的离散情况。

[例 3-2-8]　某厂有两台水泥磨，在同一班里各测定了出磨水泥的细度筛余数据（％）如下。计算各自的平均值和方差。

1 号磨：7.4，7.5，7.6，8.0，7.9，7.6，7.6，7.5。

2 号磨：6.0，6.4，6.8，7.8，8.0，8.2，8.9，9.0。

[解]　1 号磨：平均值 $\overline{x_1} = \frac{1}{8} \times (7.4 + 7.5 + 7.6 + 8.0 + 7.9 + 7.6 + 7.6 + 7.5) = 7.64$ 各次测量值与平均值之差依次为：

-0.24，-0.14，-0.04，1.36，0.26，-0.04，-0.04，-0.14。

方差：$S_1^2 = \frac{1}{8-1} (0.24^2 + 0.14^2 + 0.04^2 \times 3 + 1.36^2 + 0.26^2 + 1.14^2)$

$$= \frac{1}{7} \times 2.02 = 0.29$$

2 号磨：平均值 $\overline{x_2} = \frac{1}{8} \times (6.0+6.4+6.8+7.8+8.0+8.2+8.9+9.0) = 7.64$

各次测量值与平均值之差依次为：

-1.64，-1.24，-0.84，-0.16，0.36，0.56，1.26，1.36

方差：$S_1^2 = \frac{1}{8-1}(1.64^2+1.24^2+0.84^2+0.16^2+0.36^2+0.56^2+1.26^2+1.36^2)$

$$= \frac{1}{7} \times 8.84 = 1.26$$

两台磨出磨水泥的细度平均值相等，$\overline{x_1} = \overline{x_2}$，但方差却相差很大，$S_1^2 = 0.29$，$S_1^2 = 1.26$。显然，1 号磨出磨水泥的细度质量指标要优于 2 号磨。

4. 标准偏差

标准偏差又称标准差或均方差、均方根差。在描述测量值离散程度的各特征值中，标准偏差是一项最重要的特征值，一般地将平均值和标准偏差两者结合起来即能全面地表明一组测量值的分布情况。

总体标准偏差的计算式如下：

$$\sigma = \sqrt{\frac{\sum (x_i - \mu)^2}{N}}$$

式中　x_i——单个变量（测量值）；

　　　μ——总体平均值；

　　　σ——总体标准偏差；

　　　N——总体变量数，N 应趋向于无穷大（$N \to \infty$），至少要不小于 20。

以样本标准偏差估计总体标准偏差时，计算如下：

$$S = \sqrt{\frac{\sum (x_i - \overline{x})^2}{n-1}}$$

式中　S——总体标准偏差估计值，简称样本标准偏差，或实验标准偏差；

　　　$\overline{x}$——样本平均值；

　　$n-1$——样本自由度（记为 f），n 为样本容量。

标准偏差对数据分布的离散程度反映灵敏而客观，在统计推断、假设检验中起着重要作用。标准偏差取正值，不取负值。标准偏差是有度量单位的特征值，例如，标准偏差的单位可以是兆帕（MPa）。标准偏差只与各测量值与平均值的离差大小有关，而与测量值本身大小无关。

[例 3-2-9]　水泥熟料中二氧化硅测定结果（%）为：21.50，21.53，21.48，21.57，21.52，21.56，21.52，21.53，21.46，21.48。计算该组数据的标准偏差。

[解]　以前用列表法将该组数据列表进行计算，比较繁琐。利用袖珍式计算器计算，十分方便，如利用计算机中的 Office Excel 程序中的函数计算功能计算标准偏差，更为方便。计算方法请见有关计算机在数理统计中的应用。经过计算，得该组数据的标准偏差为 0.036%。

5. 变异系数

当两个或两个以上测量值数列平均值相同且在单位也相同时，直接用标准偏差比较其离散程度是非常适宜的，但如果平均值不相同时，仅用标准偏差就不能比较其离散程度。例如，A 组水泥抗压强度测量值为 58.8，58.7，58.6，58.5，58.4，58.3（MPa）；B 组水泥抗压强度测量值为 48.8，48.7，48.6，48.5，48.4，48.3（MPa）。A 组平均值 $\overline{x_A} = 58.6$（MPa），标准偏差 $S_A = 0.187\text{MPa}$；B 组平均值 $\overline{x_B} = 48.6\text{MPa}$，标准偏差 $S_B = 0.187\text{MPa}$，两组测量值各自的平均值不同，但标准偏差 S 却相等，这时不能得出结论说两组测量值数列的离散程度相同。因为从直观上也可以观察出 A 组的离散程度比 B 组的小。为了将平均值的因素考虑进去进行定量比较，引入"相对标准偏差"的概念，即相对于平均值的标准偏差，又称为"变异系数"，其表达式如下：

$$C_v = \frac{S}{\bar{x}} \times 100\%$$

仍以 A、B 两组水泥抗压强度测量值数列为例：

$$\text{A 组的变异系数 } C_v = \frac{0.187}{58.6} \times 100\% = 0.32\%$$

$$\text{B 组的变异系数 } C_v = \frac{0.187}{48.6} \times 100\% = 0.38\%$$

显然 A 组的离散程度小于 B 组，其出磨水泥的质量波动较小。

变异系数不受平均值大小的影响，可以用来比较平均值不同的几组测定值数列的离散情况。变异系数没单位，可以用于比较不同度量单位的测定值数列的离散情况。在检查某计量检查方法的稳定性时，常用变异系数表示重复测定结果的变异程度。例如《水泥胶砂强度检验方法（ISO 法）》（GB/T 17671—1999）中规定：对于 28d 抗压强度的测定，一个合格的试验室的重复性以变异系数表示，可要求在 $1\% \sim 3\%$ 之间；在合格试验室之间的再现性，用变异系数表示，可要求不超过 6%。《水泥企业质量管理规程》中对出厂水泥的质量要求之一是，28d 抗压强度月（或一统计期）平均变异系数 (C_v) 目标值不大于 4.1%，均匀性试验的 28d 抗压强度变异系数 (C_v) 目标值不大于 3.0%。

*摘自：中国建筑材料检验认证中心，国家水泥质量监督检验中心编著. 水泥实验室工作手册. 第 1 版. 北京：中国建材工业出版社，2009.

复习思考题

1. 试述钢的常用分类方法。建筑上常用哪几种钢？
2. 试述钢筋混凝土的特点。
3. 钢材的主要有害杂质有哪些？会有怎样的危害？
4. 钢材的主要技术性能有哪些？
5. 表示钢材抗拉性能的三项指标是什么？它们各自有什么含义？
6. 试述低碳钢拉伸经历的四个阶段。
7. 什么是钢材的屈强比？它在建筑设计中有何实际意义？
8. 什么是钢材的冷弯性能？应如何进行评价？
9. 试述热轧带肋钢筋牌号的含义。如何评价热轧带肋钢筋的表面质量？
10. 试述钢筋验收内容、取样方法和结果评定的方法。

附录

▷▷▷▷ ▶▶▶

附录一　砂的含泥量和云母含量的测定方法
（GB/T 14684—2011）（节选）

7.4　含泥量

7.4.1　仪器设备

本试验用仪器设备如下。

a）鼓风干燥箱：能使温度控制在（105±5）℃。

b）天平：称量1000g，感量0.1g。

c）方孔筛：孔径为75μm及1.18mm的筛各一只。

d）容器：要求淘洗试样时，保持试样不溅出（深度大于250mm）。

e）搪瓷盘、毛刷等。

7.4.2　试验步骤

7.4.2.1　按7.1规定取样，并将试样缩分至约1100g，放在干燥箱中于（105±5）℃下烘干至恒量，待冷却至室温后，分为大致相等的两份备用。

7.4.2.2　称取试样500g，精确至0.1g。将试样倒入淘洗容器中，注入清水，使水面高于试样面约150mm，充分搅拌均匀后，浸泡2h，然后用手在水中淘洗试样，使尘屑、淤泥和黏土与砂粒分离，把浑水缓缓倒入1.18mm及75μm的套筛上（1.18mm筛放在75μm筛上面），滤去小于75μm的颗粒。试验前筛子的两面应先用水润湿，在整个过程中应小心防止砂粒流失。

7.4.2.3　再向容器中注入清水，重复上述操作，直至容器内的水目测清澈为止。

7.4.2.4　用水淋洗剩余在筛上的细粒，并将75μm筛放在水中（使水面略高出筛中砂粒的上表面）来回摇动，以充分洗掉小于75μm的颗粒，然后将两只筛的筛余颗粒和清洗容器中已经洗净的试样一并倒入搪瓷盘，放在干燥箱中于（105±5）℃下烘干至恒量，待冷却至室温后，称出其质量，精确至0.1g。

7.4.3　结果计算与评定

7.4.3.1　含泥量按式（3）计算，精确至0.1%：

$$Q_0 = \frac{G_0 - G_1}{G_0} \times 100\% \tag{3}$$

式中　Q_0——含泥量，%；

G_0——试验前烘干试样的质量，g；

G_1——试验后烘干试样的质量，g。

7.4.3.2　含泥量取两个试样的试验结果算术平均值作为测定值，采用修约值比较法进行评定。

7.7 云母含量

7.7.1 仪器设备

本试验用仪器设备如下。

a) 鼓风干燥箱：能使温度控制在（105±5）℃。

b) 放大镜：3～5 倍放大率。

c) 天平：称量 100g，感量 0.01g。

d) 方孔筛：孔径为 300μm 及 4.75mm 的筛各一只。

e) 钢针、搪瓷盘等。

7.7.2 试验步骤

7.7.2.1 按 7.1 规定取样，并将试样缩分至约 150g，放在干燥箱中于（105±5）℃下烘干至恒量，待冷却至室温后，筛除大于 4.75mm 及小于 300μm 的颗粒备用。

7.7.2.2 称取试样 15g，精确至 0.01g，将试样倒入搪瓷盘中摊开，在放大镜下用钢针挑出全部云母，称出云母质量，精确至 0.01g。

7.7.3 结果计算与评定

7.7.3.1 云母含量按式（7）计算，精确至 0.1%：

$$Q_c = \frac{G_2}{G_1} \times 100\% \tag{7}$$

式中 Q_c——云母含量，%；

G_1——300μm～4.75mm 颗粒的质量，g；

G_2——云母质量，g。

7.7.3.2 云母含量取两次试验结果的算术平均值，精确至 0.1%。

7.7.3.3 采用修约值比较法进行评定。

附录二 粗骨料颗粒级配测定方法
（GB/T 14685—2011）（节选）

7.3.1 仪器设备

本试验用仪器设备如下。

a) 鼓风干燥箱：能使温度控制在（105±5）℃。

b) 天平：称量 10kg，感量 1g。

c) 方孔筛：孔径为 2.36mm，4.75mm，9.50mm，16.0mm，19.0mm，26.5mm，31.5mm，37.5mm，53.0mm，63.0mm，75.0mm 及 90.0mm 的筛各一只，并附有筛底和筛盖（筛框内径为 300mm）。

d) 摇筛机。

e) 搪瓷盘，毛刷等。

7.3.2 试验步骤

7.3.2.1 按 7.1 规定取样，并将试样缩分至略大于表 10 规定的数量，烘干或风干后备用。

表 10 颗粒级配试验所需试样数量

最大粒径/mm	9.5	16.0	19.0	26.5	31.5	37.5	63.0	75.0
最少试样质量/kg	1.9	3.2	3.8	5.0	6.3	7.5	12.6	16.0

7.3.2.2 根据试样的最大粒径，称取按表 10 的规定数量试样一份，精确到 1g。将试样倒入按孔径大小从上到下组合的套筛（附筛底）上，然后进行筛分。

7.3.2.3 将套筛置于摇筛机上，摇 10min；取下套筛，按筛孔大小顺序再逐个用手筛，筛至每分钟通过量小于试样总量 0.1% 为止。通过的颗粒并入下一号筛中，并和下一号筛中的试样一起过筛，这样顺序进行，直至各号筛全部筛完为止。当筛余颗粒的粒径大于 19.0mm 时，在筛分过程中，允许用手指拨动颗粒。

7.3.2.4 称出各号筛的筛余量，精确至 1g。

7.3.3 结果计算与评定

7.3.3.1 计算分计筛余百分率：各号筛的筛余量与试样总质量之比，精确至 0.1%。

7.3.3.2 计算累计筛余百分率：该号筛及以上各筛的分计筛余百分率之和，精确至 1%。筛分后，如每号筛的筛余量与筛底的筛余量之和同原试样质量之差超过 1% 时，应重新试验。

7.3.3.3 根据各号筛的累计筛余百分率，采用修约值比较法评定该试样的颗粒级配。

附录三 粗骨料针、片状含量及压碎指标试验方法（GB/T 14685—2011）（节选）

7.6 针、片状颗粒含量

7.6.1 仪器设备

本试验用仪器设备如下。

a) 针状规准仪与片状规准仪（见图 1 和图 2）。

b) 天平：称量 10kg，感量 1g。

c) 方孔筛：孔径为 4.75mm，9.50mm，16.0mm，19.0mm，26.5mm，31.5mm 及 37.5mm 的筛各一个。

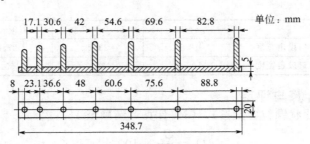

单位：mm

图 1 针状规准仪

7.6.2 试验步骤

7.6.2.1 按 7.1 规定取样，并将试样缩分至略大于表 12 规定的数量，烘干或风干后备用。

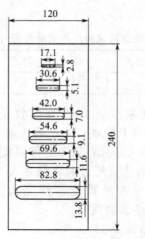

图 2　片状规准仪

表 12　针、片状颗粒含量试验所需试样数量

最大粒径/mm	9.5	16.0	19.0	26.5	31.5	37.5	63.0	75.0
最少试样质量/kg	0.3	1.0	2.0	3.0	5.0	10.0	10.0	10.0

7.6.2.2　根据试样的最大粒径，称取按表 12 的规定数量试样一份，精确到 1g。然后按表 13 规定的粒级按 7.3 规定进行筛分。

表 13　针、片状颗粒含量试验的粒级划分及其相应的规准仪孔宽或间距　　单位：mm

石子粒级	4.75～9.50	9.50～16.0	16.0～19.0	19.0～26.5	26.5～31.5	31.5～37.5
片状规准仪相对应孔宽	2.8	5.1	7.0	9.1	11.6	13.8
针状规准仪相对应间距	17.1	30.6	42.0	54.6	69.6	82.8

7.6.2.3　按表 13 规定的粒级分别用规准仪逐粒检验，凡颗粒长度大于针状规准仪上相应间距者，为针状颗粒；颗粒厚度小于片状规准仪上相应孔宽者，为片状颗粒。称出其总质量，精确至 1g。

7.6.2.4　石子粒径大于 37.5mm 的碎石或卵石可用卡尺检验针、片状颗粒，卡尺卡口的设定宽度应符合表 14 的规定。

表 14　大于 37.5mm 颗粒针、片状颗粒含量试验的粒级划分及其相应的卡尺卡口设定宽度

单位：mm

石子粒级	37.5～53.0	53.0～63.0	63.0～75.0	75.0～90.0
检验片状颗粒的卡尺卡口设定宽度	18.1	23.2	27.6	33.0
检验针状颗粒的卡尺卡口设定宽度	108.6	139.2	165.6	198.0

7.6.3　结果计算与评定

7.6.3.1　针、片状颗粒含量按式（3）计算，精确至 1%：

$$Q_c = \frac{G_2}{G_1} \times 100\% \tag{3}$$

式中　Q_c——针、片状颗粒含量，%；

　　　G_1——试样的质量，g；

　　　G_2——试样中所含针、片状颗粒的总质量，g。

7.6.3.2　采用修约值比较法进行评定。

7.11 压碎指标

7.11.1 仪器设备

本试验用仪器设备如下。

a) 压力试验机：量程 300kN，示值相对误差 2%。

b) 天平：称量 10kg，感量 1g。

c) 受压试模（压碎指标测定仪，见图 3）。

d) 方孔筛：孔径分别为 2.36mm，9.50mm 及 19.0mm 的筛各一只。

e) 垫棒：ϕ10mm，长 500mm 圆钢。

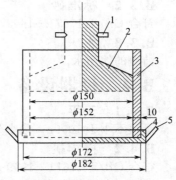

图 3 压碎指标测定仪

1—把手；2—加压头；3—圆模；
4—底盘；5—手把

7.11.2 试验步骤

7.11.2.1 按 7.1 规定取样，风干后筛除大于 19.0mm 及小于 9.50mm 的颗粒，并去除针、片状颗粒，分为大致相等的三份备用，当试样中粒径在 9.50～19.0mm 之间的颗粒不足时，允许将粒径大于 19.0mm 的颗粒破碎成粒径在 9.50～19.0mm 之间的颗粒用作压碎指标试验。

7.11.2.2 称取试样 3000g，精确至 1g。将试样分两层装入圆模（置于底盘上）内，每装完一层试样后，在底盘下面垫放一直径为 10mm 的圆钢，将筒按住，左右交替颠击地面各 25 次，两层颠实后，平整模内试样表面，盖上压头。当圆模装不下 3000g 试样时，以装至距圆模上口 10mm 为准。

7.11.2.3 把装有试样的圆模置于压力试验机上，开动压力试验机，按 1kN/s 速度均匀加荷至 200kN 并稳荷 5s，然后卸荷，取下加压头，倒出试样，用孔径 2.36mm 的筛筛除被压碎的细粒，称出留在筛上的试样质量，精确至 1g。

7.11.3 结果计算与评定

7.11.3.1 压碎指标按式（8）计算，精确至 0.1%：

$$Q_c = \frac{G_1 - G_2}{G_1} \times 100\% \qquad (8)$$

式中 Q_c——压碎指标，%；

G_1——试样的质量，g；

G_2——压碎试验后筛余的试样质量，g。

7.11.3.2 压碎指标取三次试验结果的算术平均值，精确至 1%。

7.11.3.3 采用修约值比较法进行评定。

附录四 粉煤灰需水量比试验方法
（ GB/T 1596—2005 ）（ 节选 ）

B.1 范围

本附录规定了粉煤灰的需水量比试验方法，适用于粉煤灰的需水量比测定。

B.2 原理

按 GB/T 2419 测定试验胶砂和对比胶砂的流动度，以二者流动度达到 130～140mm 时的加水量之比确定粉煤灰的需水量比。

B.3 材料

B.3.1 水泥

GSB 14—1510 强度检验用水泥标准样品。

B.3.2 标准砂

符合 GB/T 17671—1999 规定的 0.5～1.0mm 的中级砂。

B.3.3 水

洁净的饮用水。

B.4 仪器设备

B.4.1 天平

量程不小于 1000g，最小分度值不大于 1g。

B.4.2 搅拌机

符合 GB/T 17671—1999 规定的行星式水泥胶砂搅拌机。

B.4.3 流动度跳桌

符合 GB/T 2419 规定。

B.5 试验步骤

B.5.1 胶砂配比按表 B.1

表 B.1

胶砂种类	水泥/g	粉煤灰/g	标准砂/g	加水量/mL
对比胶砂	250	—	750	125
试验胶砂	175	75	750	按流动度达到 130～140mm 调整

B.5.2 试验胶砂按 GB/T 17671 规定进行搅拌

B.5.3 搅拌后的试验胶砂按 GB/T 2419 测定流动度

当流动度在 130～140mm 范围内，记录此时的加水量；当流动度小于 130mm 或大于 140mm 时，重新调整加水量，直至流动度达到 130～140mm 为止。

B.6 结果计算

需水量比按式（B.1）计算：

$$X = (L_1/125) \times 100 \tag{B.1}$$

式中　X——需水量比，%；

　　　L_1——试验胶砂流动度达到 130～140mm 时的加水量，mL；

　　　125——对比胶砂的加水量，mL。

计算至 1%。

附录五　混凝土拌合物凝结时间测定方法 （GB/T 50080—2002）（节选）

4.0.1　本方法适用于从混凝土拌合物中筛出的砂浆用贯入阻力法来确定坍落度值不为零的混凝土拌合物凝结时间的测定。

4.0.2 贯入阻力仪应由加荷装置、测针、砂浆试样筒和标准筛组成，可以是手动的，也可以是自动的。贯入阻力仪应符合下列要求。

1. 加荷装置：最大测量值应不小于 1000N，精度为 ±10N。

2. 测针：长为 100mm，承压面积为 100mm²、50mm² 和 20mm² 三种测针；在距贯入端 25mm 处刻有一圈标记。

3. 砂浆试样筒：上口径为 160mm，下口径为 150mm，净高为 150mm 刚性不透水的金属圆筒，并配有盖子。

4. 标准筛：筛孔为 5mm 的符合现行国家标准《试验筛》（GB/T 6005）规定的金属圆孔筛。

4.0.3 凝结时间试验应按下列步骤进行。

1. 应从按本标准第 2 章制备或现场取样的混凝土拌合物试样中，用 5mm 标准筛筛出砂浆，每次应筛净，然后将其拌和均匀。将砂浆一次分别装入三个试样筒中，做三个试验。取样混凝土坍落度不大于 70mm 的混凝土宜用振动台振实砂浆；取样混凝土坍落度大于 70mm 的宜用捣棒人工捣实。用振动台振实砂浆时，振动应持续到表面出浆为止，不得过振；用捣棒人工捣实时，应沿螺旋方向由外向中心均匀插捣 25 次，然后用橡皮锤轻轻敲打筒壁，直至插捣孔消失为止。振实或插捣后，砂浆表面应低于砂浆试样筒口约 10mm；砂浆试样筒应立即加盖。

2. 砂浆试样制备完毕，编号后应置于温度为（20±2）℃的环境中或现场同条件下待试，并在以后的整个测试过程中，环境温度应始终保持（20±2）℃。现场同条件测试时，应与现场条件保持一致。在整个测试过程中，除在吸取泌水或进行贯入实验外，试样筒应始终加盖。

3. 凝结时间测定从水泥与水接触瞬间开始计时。根据混凝土拌合物的性能，确定测针试验时间，以后每隔 0.5h 测试一次，在临近初、终凝时可增加测定次数。

4. 在每次测试前 2min，将一片 20mm 厚的垫块垫入筒底一侧使其倾斜，用吸管吸去表面的泌水，吸水后平稳地复原。

5. 测试时将砂浆试样筒置于贯入阻力仪上，测针端部与砂浆表面接触，然后在（10±2）s 内均匀地使测针贯入砂浆（25±2）mm 深度，记录贯入压力，精确至 10N；记录测试时间，精确至 1min；记录环境温度，精确至 0.5℃。

6. 各测点的间距应大于测针直径的两倍且不小于 15mm。测点与试样筒壁的距离应不小于 25mm。

7. 贯入阻力测试在 0.2～28MPa 之间应至少进行 6 次，直至贯入阻力大于 28MPa 为止。

8. 在测试过程中应根据砂浆凝结状况，适时更换测针，更换测针宜按表 4.0.3 选用。

表 4.0.3　测针选用规定表

贯入阻力/MPa	0.2～3.5	3.5～20	20～28
测针面积/mm²	100	50	20

4.0.4 贯入阻力的结果计算以及初凝时间和终凝时间的确定应按下述方法进行。

1. 贯入阻力应按下式计算：

$$f_{PR} = \frac{P}{A} \qquad (4.0.4\text{-}1)$$

式中　f_{PR}——贯入阻力，MPa；

P——贯入压力，N；

A——测针面积，mm²。

计算应精确至 0.1MPa。

2. 凝结时间宜通过线性回归方法确定，是将贯入阻力 f_{PR} 和时间 t 分别取自然对数 $\ln(f_{PR})$ 和 $\ln(t)$ 然后把 $\ln(f_{PR})$ 当作自变量，$\ln(t)$ 当作因变量作线性回归得到回归方程式：

$$\ln(t) = A + B \ln(f_{PR}) \qquad (4.0.4\text{-}2)$$

式中 t ——时间，min；

f_{PR} ——贯入阻力，MPa；

$A，B$ ——线性回归系数。

根据式（4.0.4-2）求得当贯入阻力为 3.5MPa 时为初凝时间 t_s，贯入阻力为 28MPa 时为终凝时间 t_e：

$$t_s = e^{[A+B\ln(3.5)]} \qquad (4.0.4\text{-}3)$$
$$t_e = e^{[A+B\ln(28)]} \qquad (4.0.4\text{-}4)$$

式中 t_s ——初凝时间，min；

t_e ——终凝时间，min；

$A，B$ ——式（4.0.4-2）中的线性回归系数。

凝结时间也可用绘图拟合方法确定，是以贯入阻力为纵坐标，经过的时间为横坐标（精确至 1min），绘制出贯入阻力与时间之间的关系曲线，以 3.5MPa 和 28MPa 画两条平行于横坐标的直线，分别与曲线相交的两个交点的横坐标即为混凝土拌合物的初凝和终凝时间。

3. 用三个试验结果的初凝和终凝时间的算术平均值作为此次试验的初凝和终凝时间。如果三个测值的最大值或最小值中有一个与中间值之差超过中间值的 10%，则以中间值为试验结果；如果最大值和最小值与中间值之差均超过中间值的 10% 时，则此次试验无效。

凝结时间用 h、min 表示，并修约至 5min。

4.0.5 混凝土拌合物凝结时间试验报告内容除应包括本标准第 1.0.3 条的内容外，还应包括以下内容。

1. 每次做贯入阻力试验时所对应的环境温度、时间、贯入压力、测针面积和计算出来的贯入阻力值。

2. 根据贯入阻力和时间绘制的关系曲线。

3. 混凝土拌合物的初凝和终凝时间。

4. 其他应说明的情况。

附录六 混凝土拌合物泌水与压力泌水试验方法 （ GB/T 50080—2002 ）（ 节选 ）

5.1 泌水试验

5.1.1 本方法适用于骨料最大粒径不大于 40mm 的混凝土拌合物泌水测定。

5.1.2 泌水试验所用的仪器设备应符合下列条件。

1. 试样筒：符合本标准第 6.0.2 条中第 1 款，容积为 5L 的容量筒并配有盖子。

2. 台秤：称量为 50kg、感量为 50g。

3. 量筒：容量为 10mL、50mL、100mL 的量筒及吸管。

4. 振动台：应符合《混凝土试验室用振动台》（JG/T 3020）中技术要求的规定。

5. 捣棒：应符合本标准第 3.1.2 条的要求。

5.1.3 泌水试验应按下列步骤进行。

1. 应用湿布湿润试样筒内壁后立即称量，记录试样筒的质量，再将混凝土试样装入试样筒，混凝土的装料及捣实方法有两种。

1）方法 A：用振动台振实。将试样一次装入试样筒内，开启振动台，振动应持续到表面出浆为止，且应避免过振；并使混凝土拌合物表面低于试样筒筒口（30±3)mm，用抹刀抹平。抹平后立即计时并称量，记录试样筒与试样的总质量。

2）方法 B：用捣棒捣实。采用捣棒捣实时，混凝土拌合物应分两层装入，每层的插捣次数应为 25 次；捣棒由边缘向中心均匀地插捣，插捣底层时捣棒应贯穿整个深度，插捣第二层时，捣棒应插透本层至下一层的表面；每一层捣完后用橡皮锤轻轻沿容量外壁敲打 5～10 次，进行振实，直至拌合物表面插捣孔消失并不见大气泡为止；并使混凝土拌合物表面低于试样筒筒口（30±3)mm，用抹刀抹平。抹平后立即计时并称量，记录试样筒与试样的总质量。

2. 在以下吸取混凝土拌合物表面泌水的整个过程中，应使试样筒保持水平、不受振动；除了吸水操作外，应始终盖好盖子；室温应保持在（20±2)℃。

3. 从计时开始后 60min 内，每隔 10min 吸取 1 次试样表面渗出的水。60min 后，每隔 30min 吸 1 次水，直至认为不再泌水为止。为了便于吸水，每次吸水前 2min，将一片 35min 厚的垫块垫入筒底一侧使其倾斜，吸水后平稳地复原。吸出的水放入量筒中，记录每次吸水的水量并计算累计水量，精确至 1mL。

5.1.4 泌水量和泌水率的结果计算及其确定应按下列方法进行。

1. 泌水量应按下式计算：

$$B_a = \frac{V}{A} \qquad\qquad (5.1.4\text{-}1)$$

式中 B_a——泌水量，mL/mm^2；

V——最后一次吸水后累计的泌水量，mL；

A——试样外露的表面面积，mm^2。

计算应精确至 0.01mL/mm^2。泌水量取三个试样测值的平均值。三个测值中的最大值或最小值，如果有一个与中间值之差超过中间值的 15%，则以中间值为试验结果；如果最大值和最小值中间值之差均超过中间值的 15% 时，则此次试验无效。

2. 泌水率应按下式计算：

$$B = \frac{V_w}{(W/G)G_w} \times 100\% \qquad\qquad (5.1.4\text{-}2)$$

$$G_w = G_1 - G_0 \qquad\qquad (5.1.4\text{-}3)$$

式中 B——泌水率，%；

V_w——泌水总量，mL；

G_w——试样质量，g；

W——混凝土拌合物总用水量，mL；

G——混凝土拌合物总质量，g；

G_1——试样筒及试样总质量，g；

G_0——试样筒质量，g。

计算应精确至 1%。泌水率取三个试样测值的平均值。三个测值中的最大值或最小值，如果有一个与中间值之差超过中间值的 15%，则以中间值为试验结果；如果最大值和最小值与中间值之差均超过中间值的 15％ 时，则此次试验无效。

5.1.5 混凝土拌合物泌水试验记录及其报告内容除应满足本标准第 1.0.3 条要求外，还应包括以下内容。

1. 混凝土拌合物总用水量和总质量。

2. 试样筒质量。

3. 试样筒和试样的总质量。

4. 每次吸水时间和对应的吸水量。

5. 泌水量和泌水率。

5.2 压力泌水试验

5.2.1 本方法适用于骨料最大粒径不大于 40mm 的混凝土拌合物压力泌水测定。

5.2.2 压力泌水试验所用的仪器设备应符合下列条件。

1. 压力泌水仪：其主要部件包括压力表、缸体、工作活塞、筛网等（图 5.2.2）。压力表最大量程 6MPa，最小分度值不大于 0.1MPa；缸体内径（125±0.02）mm，内高（200±0.2）mm；工作活塞压强为 3.2MPa，公称直径为 125mm；筛网孔径为 0.315mm。

2. 捣棒：符合本规程第 3.1.2 条的规定。

3. 量筒：200mL 量筒。

5.2.3 压力泌水试验应按以下步骤进行。

1. 混凝土拌合物应分两层装入压力泌水仪的缸体容器内，每层的插捣次数应为 20 次。捣棒由边缘向中心均匀地插捣，插捣底层时捣棒应贯穿整个深度，插捣第二层时，捣棒应插透本层至下一层的表面；每一层捣完后用橡皮锤轻轻沿容器外壁敲打 5～10 次，进行振实，直至拌合物表面插捣孔消失并不见大气泡为止；并使拌合物表面低于容器口以下约 30mm 处，用抹刀将表面抹平。

图 5.2.2 压力泌水仪
1—压力表；2—工作活塞；
3—缸体；4—筛网

2. 将容器外表擦干净，压力泌水仪按规定安装完毕后应立即给混凝土试样施加压力至 3.2MPa，并打开泌水阀门同时开始计时，保持恒压，泌出的水接入 200mL 量筒里；加压至 10s 时读取泌水量 V_{10}，加压至 140s 时读取泌水量 V_{140}。

5.2.4 压力泌水率应按下式计算：

$$B_V = \frac{V_{10}}{V_{140}} \times 100$$ (5.2.4)

式中　B_V——压力泌水率，％。

　　V_{10}——加压至 10s 时的泌水量，mL；

　　V_{140}——加压至 140s 时的泌水量，mL。

压力泌水率的计算应精确至 1％。

5.2.5 混凝土拌合物压力泌水试验报告内容除应包括本标准第 1.0.3 条的内容外，还应包括以下内容。

1. 加压至 10s 时的泌水量 V_{10} 和加压至 140s 时的泌水量 V_{140}。

2. 压力泌水率。

附录七 混凝土抗折强度试验方法 （GB/T 50081—2002）（节选）

10.0.1 本方法适用于测定混凝土的抗折强度。

10.0.2 试件除应符合本标准第 3 章的有关规定外，在长向中部 1/3 区段内不得有表面直径超过 5mm、深度超过 2mm 的孔洞。

10.0.3 试验采用的试验设备应符合下列规定。

1. 试验机应符合第 4.3 节的有关规定。

2. 试验机应能施加均匀、连续、速度可控的荷载，并带有能使二个相等荷载同时作用在试件跨度 3 分点处的抗折试验装置，见图 10.0.3。

3. 试件的支座和加荷头应采用直径为 20～40mm、长度不小于（$b+10$）mm 的硬钢圆柱，支座立脚点固定铰支，其他应为滚动支点。

10.0.4 抗折强度试验步骤应按下列方法进行。

1. 试件从养护地取出后应及时进行试验，将试件表面擦干净。

2. 按图 10.0.3 装置试件，安装尺寸偏差不得大于 1mm。试件的承压面应为试件成型时的侧面。支座及承压面与圆柱的接触面应平稳、均匀，否则应垫平。

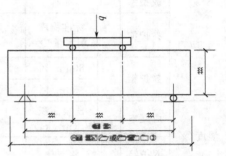

图 10.0.3 抗折试验装置

3. 施加荷载应保持均平、连续。当混凝土强度等级＜C30 时，加荷速度取每秒 0.02～0.05MPa；当混凝土强度等级≥C30 且＜C60 时，取每秒钟 0.05～0.08MPa；当混凝土强度等级≥C60 时，取每秒钟 0.08～0.10MPa，至试件接近破坏时，应停止调整试验机油门，直至试件破坏，然后记录破坏荷载。

4. 记录试件破坏荷载的试验机示值及试件下边缘断裂位置。

10.0.5 抗折强度试验结果计算及确定按下列方法进行。

1. 若试件下边缘断裂位置处于二个集中荷载作用线之间，则试件的抗折强度 f_f（MPa）按下式计算：

$$f_f = \frac{Fl}{bh^2} \tag{10.0.5}$$

式中 f_f——混凝土抗折强度，MPa；

F——试件破坏荷载，N；

l——支座间跨度，mm；

h——试件截面高度，mm；

b——试件截面宽度，mm。

抗折强度计算应精确至 0.1MPa。

2. 抗折强度值的确定应符合本标准第 6.0.5 条中第 2 款的规定。

3. 三个试件中若有一个折断面位于两个集中荷载之外，则混凝土抗折强度值按另两个试件的试验结果计算。若这两个测值的差值不大于这两个测值的较小值的 15% 时，则该组试件的抗折强度值按这两个测值的平均值计算，否则该组试件的试验无效。若有两个试件的下边缘断裂位置位于两个集中荷载作用线之外，则该组试件试验无效。

4. 当试件尺寸为 100mm×100mm×400mm 非标准试件时，应乘以尺寸换算系数 0.85；当混凝土强度等级≥C60 时，宜采用标准试件；使用非标准试件时，尺寸换算系数应由试验确定。

10.0.6 混凝土抗折强度试验报告内容除应满足本标准第 1.0.3 条要求外，尚应报告实测的混凝土抗折强度值。

附录八 水泥厂化验室物理检验原始记录表

第 页

生产日期	年 月 日		试验编号		成型日期			年	月	日
温度/℃	成型室		品种		凝结时间	初凝		注水时间		安定性
	养护池		标准稠度用水量/%			终凝				
	养护箱		80μm/%		熟料	石膏	矿渣		岩渣	
			45μm/%							
湿度/%	成型室		比表面积/（m²/kg）							
	养护箱		水灰比		流动度		mm	下料时间		s

项目	细度	稠度	流动度	安定性	凝结时间
操作人					

SO₃	MgO	氯离子	烧失量	碱含量	不溶物	记录员

水 泥 强 度

强度	抗压强度/MPa		抗折强度/MPa		标准偏差/s		变异系数 C_V	
破型日期	月日	月日	月日	月日	3d	28d	3d	28d
龄期	3d	28d	3d	28d				
1					名称		操作人	
2								
3					胶砂搅拌机			
4								
5					振实台			
6					刮平、抹平			
平均								
破型操作人签字					强度等级评定			

参 考 文 献

[1] 中国建筑材料检验认证中心，国家水泥质量监督检验中心著.水泥实验室工作手册.北京：中国建材工业出版社，2009.

[2] 魏鸿汉.建筑材料.第 2 版.北京：中国建筑工业出版，2007.

[3] 张海梅，袁雪峰.建筑材料.第 3 版.北京：科学出版社，2005.

[4] 蔡贵珍.化验室基本知识及操作.武汉：武汉理工大学出版社，2005.

[5] 王伯林，刘晓敏.建筑材料.北京：科学出版社，2004.

[6] 王忠德，等.实用建筑材料试验手册.第 2 版.北京：中国建筑工业出版社，2003.

[7] 冯乃谦主编.实用混凝土大全.北京：科学出版社，2001.

[8] 曹文聪，杨树森.普通硅酸盐工艺学.武汉：武汉理工大学出版社，1996.

[9] 李业兰.建筑材料.北京：中国建筑工业出版社，1995.